20kV JI YIXIA PEIDIANWANG GONGCHENG
SHEBEI CAILIAO JIAGE XINXI

20kV及以下配电网工程设备材料价格信息

（2021年下半年）

电力工程造价与定额管理总站　发布

中国电力出版社
CHINA ELECTRIC POWER PRESS

图书在版编目（CIP）数据

20kV 及以下配电网工程设备材料价格信息．2021 年．下半年/电力工程造价与定额管理总站发布．—北京：中国电力出版社，2022.4

ISBN 978-7-5198-6613-6

Ⅰ.①2…　Ⅱ.①电…　Ⅲ.①配电系统－工程设备－价格－中国－2021②配电系统－工程材料－价格－中国－2021　Ⅳ.①TM727②F426.61

中国版本图书馆 CIP 数据核字（2022）第 046138 号

出版发行：中国电力出版社
地　　址：北京市东城区北京站西街 19 号
邮政编码：100005
网　　址：http://www.cepp.sgcc.com.cn
责任编辑：高　芬（010-63412717）
责任校对：黄　蓓　王海南
装帧设计：张俊霞　赵姗姗
责任印制：石　雷

印　　刷：三河市百盛印装有限公司
版　　次：2022 年 4 月第一版
印　　次：2022 年 4 月北京第一次印刷
开　　本：850 毫米×1188 毫米　32 开本
印　　张：5
字　　数：130 千字
印　　数：0001—1500 册
定　　价：48.00 元

电力工程造价与定额管理总站
关于发布《20kV及以下配电网工程设备材料价格信息（2021年下半年）》的通知

定额〔2021〕10号

各有关单位：

为满足20kV及以下配电网工程建设需要，科学反映设备材料市场价格变动情况，合理确定和有效控制工程造价，电力工程造价与定额管理总站组织编制完成了《20kV及以下配电网工程设备材料价格信息（2021年下半年）》，现予发布。

使用过程中如发现有疏漏之处，请及时反馈我站。

附件：《20kV及以下配电网工程设备材料价格信息（2021年下半年）》（另附）

电力工程造价与定额管理总站（印）

2022年3月15日

编制及使用说明

本价格信息内容包括20kV及以下配电网工程建设与改造所使用的设备材料，分为变压器、箱式变电站、开关设备、避雷器、配电屏柜、控制保护装置、通信设备材料、电线、电缆、绝缘材料、金具、杆塔及附件、布线材料、接地材料、主要建筑材料，共15章。

一、价格构成

（1）本册中各项材料所给出的价格信息为施工现场出库价，其中卸车费和保管费占材料税前单价的2%。

（2）本册中各项设备所给出的价格信息为出厂价格，运杂费、卸车费及保管费依据《20kV及以下配电网工程建设预算编制与计算规定（2016年版）》另行计算。

（3）本设备材料信息价为税前单价。

二、价格水平

（1）本价格信息为2021年下半年全国平均价格水平。

（2）本价格信息每半年公布一次。

三、使用方法

（1）本价格信息仅作为编制20kV及以下配电网工程建设预算时参考使用。

（2）阻燃电缆、阻燃电线的价格按相同型号、规格电缆、电线价格乘以系数1.1。

目　录

第6章 控制保护装置

第7章 通信设备材料

第8章　电　　线

第9章　电　缆

第10章　绝缘材料

第11章　金　具

第12章 杆塔及附件

第13章 布线材料

第14章 接地材料

第15章 主要建筑材料

第1章 变压器

设备名称	型号规格	计量单位	价格（元）
1.1 变压器			
20kV 变压器	1250kVA，硅钢片，干式	台	129500
20kV 变压器	1000kVA，硅钢片，干式	台	117500
20kV 变压器	800kVA，硅钢片，干式	台	93700
20kV 变压器	630kVA，硅钢片，干式	台	85300
20kV 变压器	630kVA，硅钢片，油浸	台	68600
20kV 变压器	400kVA，硅钢片，干式	台	59500
20kV 变压器	400kVA，硅钢片，油浸	台	55700
20kV 变压器	400kVA，非晶合金，油浸	台	53300
20kV 变压器	200kVA，硅钢片，干式	台	55000
20kV 变压器	200kVA，硅钢片，油浸	台	31800
20kV 变压器	200kVA，非晶合金，油浸	台	35100
20kV 变压器	100kVA，硅钢片，干式	台	30100
20kV 变压器	100kVA，硅钢片，油浸	台	20900
10kV 变压器	1000kVA，硅钢片，干式	台	100600
10kV 变压器	800kVA，硅钢片，干式	台	88600
10kV 变压器	800kVA，硅钢片，油浸	台	62700

续表

设备名称	型号规格	计量单位	价格（元）
10kV 变压器	800kVA，非晶合金，干式	台	139800
10kV 变压器	630kVA，硅钢片，干式	台	80500
10kV 变压器	630kVA，硅钢片，油浸	台	64700
10kV 变压器	630kVA，非晶合金，油浸	台	63700
10kV 变压器	500kVA，硅钢片，干式	台	77700
10kV 变压器	500kVA，硅钢片，油浸	台	57500
10kV 变压器	500kVA，非晶合金，油浸	台	59100
10kV 变压器	400kVA，硅钢片，干式	台	52700
10kV 变压器	400kVA，硅钢片，油浸	台	50500
10kV 变压器	400kVA，非晶合金，油浸	台	49800
10kV 变压器	315kVA，硅钢片，油浸	台	33600
10kV 变压器	315kVA，非晶合金，油浸	台	39100
10kV 变压器	250kVA，硅钢片，油浸	台	25900
10kV 变压器	200kVA，硅钢片，干式	台	51300
10kV 变压器	200kVA，硅钢片，油浸	台	30800
10kV 变压器	200kVA，非晶合金，油浸	台	34000

续表

设备名称	型号规格	计量单位	价格（元）
10kV 变压器	160kVA，硅钢片，油浸	台	18800
10kV 变压器	100kVA，硅钢片，干式	台	28200
10kV 变压器	100kVA，硅钢片，油浸	台	18100
10kV 变压器	100kVA，非晶合金，油浸	台	24300
10kV 变压器	50kVA，硅钢片，油浸	台	12700
10kV 变压器	30kVA，硅钢片，干式	台	15500
1.2　调容变压器			
调容变压器	AC10kV，630（200）kVA，有载，油浸	台	89400
调容变压器	AC10kV，400（125）kVA，有载，油浸	台	68200
调容变压器	AC10kV，200（63）kVA，有载，油浸	台	45800
1.3　调压器			
调压器	AC10kV，8000kVA，0%～+20%	台	210700
调压器	AC10kV，4000kVA，-20%～+20%	台	120900
调压器	AC10kV，4000kVA，0%～+20%	台	112200
调压器	AC10kV，2000kVA，-20%～+20%	台	91400
调压器	AC10kV，2000kVA，0%～+20%	台	84700

续表

设备名称	型号规格	计量单位	价格（元）
调压器	AC10kV，1000kVA，-20%～+20%	台	91300
调压器	AC10kV，1000kVA，0%～+20%	台	82600
调压器	AC 380V，200kVA，0%～+20%	台	39900
调压器	AC 380V，31.5kVA，0%～+20%	台	14300
调压器	AC 220V，20kVA，0%～+20%	台	8900

第2章 箱式变电站

设备名称	型号规格	计量单位	价格（元）
箱式变电站	1600kVA，欧式，有环网柜	套	293800
箱式变电站	800kVA，欧式，有环网柜	套	259300
箱式变电站	630kVA，欧式，有环网柜	套	199400
箱式变电站	500kVA，欧式，有环网柜	套	177400
箱式变电站	400kVA，欧式，有环网柜	套	158200
箱式变电站	315kVA，欧式，有环网柜	套	156200
箱式变电站	100kVA，欧式，有环网柜	套	146200
箱式变电站	200kVA，一体式，无环网柜	套	71200
箱式变电站	100kVA，一体式，无环网柜	套	53300
箱式变电站	630kVA，美式，无环网柜	套	136600
箱式变电站	500kVA，美式，无环网柜	套	124000
箱式变电站	400kVA，美式，无环网柜	套	100200
箱式变电站	315kVA，美式，无环网柜	套	93200
箱式变电站	200kVA，美式，无环网柜	套	87900

第3章 开关设备

设备名称	型号规格	计量单位	价格（元）
3.1　一二次融合成套柱上断路器			
一二次融合成套柱上断路器	10kV，630A，20kA	套	28600
一二次融合成套柱上断路器	10kV，630A，16kA	套	25800
3.2　一二次融合成套柱上负荷开关			
一二次融合成套柱上负荷开关	10kV，SF_6，无隔离闸刀	套	25400
一二次融合成套柱上负荷开关	10kV，真空，有隔离闸刀	套	26400
3.3　柱上断路器			
柱上断路器	20kV，真空，户外	台	14100
柱上断路器	10kV，SF_6，用户分界	台	16700
柱上断路器	10kV，真空，户外	台	12300
柱上断路器	10kV，真空，用户分界	台	18700
3.4　高压交流自动重合器			
高压交流自动重合器	10kV，630A，20kA	台	20400
3.5　交流单相隔离开关			
交流单相隔离开关	20kV，630A，20kA	台	900
3.6　交流三相隔离开关			
交流三相隔离开关	1250A，单接地	组	4000

续表

设备名称	型号规格	计量单位	价格（元）
交流三相隔离开关	1250A，双接地	组	4500
交流三相隔离开关	630A，不接地	组	1000
3.7 高压熔断器			
高压熔断器	20kV，跌落式	只	310
高压熔断器	10kV，喷射式	只	940
高压熔断器	10kV，跌落式	只	210
3.8 低压开关			
低压开关	1000A，单相	个	370
低压开关	800A，单相	个	330
低压开关	630A，四相	个	1128
低压开关	630A，三相	个	778
低压开关	500A，四相	个	1039
低压开关	500A，三相	个	785
低压开关	400A，四相	个	704
低压开关	400A，三相	个	691
低压开关	250A，四相	个	586

续表

设备名称	型号规格	计量单位	价格（元）
低压开关	250A，三相	个	496
低压开关	200A，三相	个	192
低压开关	200A，两相	个	146
低压开关	180A，三相	个	165
低压开关	160A，三相	个	165
低压开关	125A，四相	个	269
低压开关	125A，三相	个	149
低压开关	125A，两相	个	139
低压开关	100A，四相	个	258
低压开关	100A，三相	个	239
低压开关	100A，两相	个	134
低压开关	100A，单相	个	55
低压开关	80A，三相	个	128
低压开关	80A，单相	个	55
低压开关	63A，三相	个	123
低压开关	63A，单相	个	55

续表

设备名称	型号规格	计量单位	价格（元）
低压开关	60A，三相	个	96
低压开关	60A，单相	个	29
低压开关	40A，三相	个	69
低压开关	40A，单相	个	21
低压开关	32A，单相	个	21
低压开关	30A，单相	个	21
低压开关	25A，单相	个	21
低压开关	20A，单相	个	21
3.9 开关柜验电小车			
开关柜验电小车	1000mm	只	2590
开关柜验电小车	800mm	只	2430
开关柜验电小车	550mm	只	2320

第4章　避雷器

设备名称	型号规格	计量单位	价格（元）
交流避雷器	AC 20kV，34kV，95kV	台	190
交流避雷器	AC 20kV，26kV，72kV	台	175
交流避雷器	AC 10kV，17kV，50kV	台	129
交流避雷器	AC 10kV，17kV，45kV	台	127
交流避雷器	AC 10kV，13kV，40kV	台	117

第5章 配电屏柜

设备名称	型号规格	计量单位	价格（元）
5.1　一二次融合成套环网箱			
一二次融合成套环网箱	10kV，630A，SF_6	套	201500
一二次融合成套环网箱	10kV，630A，固体	套	199900
一二次融合成套环网箱	10kV，630A，环保气体	套	181400
5.2　高压开关柜			
高压开关柜	20kV，站用变开关柜，1250A，25kA	台	141400
高压开关柜	20kV，站用变开关柜，630A，25kA	台	90500
高压开关柜	20kV，馈线开关柜，1250A，25kA	台	121800
高压开关柜	20kV，馈线开关柜，630A，25kA	台	56400
高压开关柜	20kV，进线开关柜，1250A，25kA	台	135300
高压开关柜	20kV，进线开关柜，630A，25kA	台	64500
高压开关柜	20kV，母线设备柜，1250A，无开关	台	126000
高压开关柜	20kV，母线设备柜，630A，无开关	台	56000
高压开关柜	20kV，分段断路器柜，1250A，25kA	台	127300
高压开关柜	20kV，分段断路器柜，630A，25kA	台	57600
高压开关柜	20kV，分段隔离柜，1250A，25kA	台	75400
高压开关柜	20kV，分段隔离柜，630A，25kA	台	41500

续表

设备名称	型号规格	计量单位	价格（元）
高压开关柜	10kV，站用变开关柜，1250A，31.5kA	台	74430
高压开关柜	10kV，站用变开关柜，1250A，25kA	台	61100
高压开关柜	10kV，站用变开关柜，1250A，无开关	台	54400
高压开关柜	10kV，站用变开关柜，630A，无开关	台	50100
高压开关柜	10kV，馈线开关柜，1250A，31.5kA	台	51400
高压开关柜	10kV，馈线开关柜，1250A，25kA	台	46800
高压开关柜	10kV，馈线开关柜，630A，20kA	台	41100
高压开关柜	10kV，分段断路器柜，4000A，40kA	台	123100
高压开关柜	10kV，分段断路器柜，3150A，40kA	台	95100
高压开关柜	10kV，分段断路器柜，2500A，31.5kA	台	83500
高压开关柜	10kV，分段断路器柜，2500A，25kA	台	74000
高压开关柜	10kV，分段断路器柜，1250A，31.5kA	台	49700
高压开关柜	10kV，分段断路器柜，1250A，25kA	台	40800
高压开关柜	10kV，分段断路器柜，630A，20kA	台	36100
高压开关柜	10kV，分段隔离柜，4000A，40kA	台	95200
高压开关柜	10kV，分段隔离柜，4000A，无开关	台	92200

续表

设备名称	型号规格	计量单位	价格（元）
高压开关柜	10kV，分段隔离柜，3150A，40kA	台	67100
高压开关柜	10kV，分段隔离柜，3150A，无开关	台	57600
高压开关柜	10kV，分段隔离柜，2500A，31.5kA	台	52900
高压开关柜	10kV，分段隔离柜，2500A，25kA	台	42100
高压开关柜	10kV，分段隔离柜，1250A，31.5kA	台	31400
高压开关柜	10kV，分段隔离柜，1250A，25kA	台	30900
高压开关柜	10kV，分段隔离柜，1250A，无开关	台	30700
高压开关柜	10kV，分段隔离柜，630A，无开关	台	30400
高压开关柜	10kV，接地变柜，1250A，31.5kA	台	58400
高压开关柜	10kV，母线设备柜，1250A，31.5kA	台	62400
高压开关柜	10kV，母线设备柜，1250A，无开关	台	47200
高压开关柜	10kV，母线设备柜，630A，无开关	台	40000
高压开关柜	10kV，负荷开关熔断器柜，1250A，无开关	台	45400
高压开关柜	10kV，进线隔离柜，4000A，40kA	台	98800
高压开关柜	10kV，进线隔离柜，2500A，25kA	台	67800
高压开关柜	10kV，进线开关柜，4000A，40kA	台	141000

续表

设备名称	型号规格	计量单位	价格（元）
高压开关柜	10kV，进线开关柜，3150A，40kA	台	108800
高压开关柜	10kV，进线开关柜，2500A，31.5kA	台	100800
高压开关柜	10kV，进线开关柜，2500A，25kA	台	100200
高压开关柜	10kV，进线开关柜，1250A，31.5kA	台	50800
高压开关柜	10kV，进线开关柜，1250A，25kA	台	46100
高压开关柜	10kV，进线开关柜，630A，20kA	台	44000
高压开关柜	10kV，电容器开关柜，1250A，31.5kA	台	61600
5.3　环网箱			
环网箱	2，6，20kV	台	312600
环网箱	2，6，10kV	台	308700
环网箱	2，4，20kV	台	261100
环网箱	2，4，10kV	台	230900
环网箱	2，2，20kV	台	150700
环网箱	2，2，10kV	台	137700
环网箱	1，3，10kV	台	140600
环网箱	1，2，10kV	台	105300

续表

设备名称	型号规格	计量单位	价格（元）
5.4 环网柜			
环网柜	断路器柜，SF_6，20kV，630A	面	48300
环网柜	断路器柜，SF_6，10kV，630A	面	25100
环网柜	断路器柜，固体绝缘，10kV，630A	面	26900
环网柜	断路器柜，空气，10kV，630A	面	25100
环网柜	电压互感器柜，SF_6，20kV，630A	面	40500
环网柜	电压互感器柜，SF_6，10kV，630A	面	18500
环网柜	电压互感器柜，固体绝缘，10kV，630A	面	28200
环网柜	电压互感器柜，空气，10kV，630A	面	16500
环网柜	电缆连接柜，SF_6，10kV，630A	面	5800
环网柜	电缆连接柜，固体绝缘，10kV，630A	面	8900
环网柜	电缆连接柜，空气，10kV，630A	面	4300
环网柜	站用变柜，SF_6，10kV，630A	面	29900
环网柜	站用变柜，固体绝缘，10kV，630A	面	38800
环网柜	站用变柜，空气，20kV，630A	面	42200
环网柜	站用变柜，空气，10kV，630A	面	28300

续表

设备名称	型号规格	计量单位	价格（元）
环网柜	计量柜，空气，10kV，630A	面	13900
环网柜	母线柜，SF_6，10kV，630A	面	21100
环网柜	负荷开关柜，SF_6，20kV，630A	面	26400
环网柜	负荷开关柜，SF_6，10kV，630A	面	14900
环网柜	负荷开关柜，固体绝缘，10kV，630A	面	21700
环网柜	负荷开关柜，空气，10kV，630A	面	13200
环网柜	负荷开关熔断器组合柜，SF_6，20kV，125A	面	29100
环网柜	负荷开关熔断器组合柜，SF_6，10kV，125A	面	17500
环网柜	负荷开关熔断器组合柜，固体绝缘，10kV，125A	面	31100
环网柜	负荷开关熔断器组合柜，空气，10kV，125A	面	15500
5.5　高压电缆分支箱			
高压电缆分支箱	20kV，二路，630A	只	10300
高压电缆分支箱	10kV，二路，630A	只	7000
5.6　高压计量柜			
高压计量柜	10kV	台	25900
高压计量柜	380V	台	10500

续表

设备名称	型号规格	计量单位	价格（元）
5.7　低压开关柜			
低压开关柜	380V，固定分隔式，2500A，65kA	台	50400
低压开关柜	380V，固定分隔式，2000A，65kA	台	42200
低压开关柜	380V，固定分隔式，1250A，65kA	台	27800
低压开关柜	380V，固定分隔式，800A，65kA	台	21700
低压开关柜	380V，固定式，2500A，65kA	台	46600
低压开关柜	380V，固定式，2000A，65kA	台	32900
低压开关柜	380V，固定式，1250A，65kA	台	22300
低压开关柜	380V，固定式，800A，65kA	台	21900
低压开关柜	380V，抽屉式，2500A，65kA	台	40700
低压开关柜	380V，抽屉式，2000A，65kA	台	31900
低压开关柜	380V，抽屉式，1250A，65kA	台	22400
低压开关柜	380V，抽屉式，800A，65kA	台	17000
低压开关柜	380V，固定分隔式，2500A，50kA	台	39500
低压开关柜	380V，固定分隔式，2000A，50kA	台	33400
低压开关柜	380V，固定分隔式，1250A，50kA	台	26500

续表

设备名称	型号规格	计量单位	价格（元）
低压开关柜	380V，固定分隔式，800A，50kA	台	17800
低压开关柜	380V，固定式，2500A，50kA	台	28900
低压开关柜	380V，固定式，2000A，50kA	台	17400
低压开关柜	380V，固定式，1250A，50kA	台	14900
低压开关柜	380V，固定式，800A，50kA	台	13600
低压开关柜	380V，抽屉式，2500A，50kA	台	29000
低压开关柜	380V，抽屉式，2000A，50kA	台	20300
低压开关柜	380V，抽屉式，1250A，50kA	台	18600
低压开关柜	380V，抽屉式，800A，50kA	台	16000
低压开关柜	380V，抽屉式，630A，50kA	台	15400
低压开关柜	220V，抽屉式，2500A，50kA	台	38000
低压开关柜	220V，抽屉式，2500A，40kA	台	23400
低压开关柜	380V，抽屉式，1600A，31.5kA	台	24200
低压开关柜	380V，抽屉式，630A，31.5kA	台	18200
5.8 配电箱			
配电箱	户内，12 回路	个	15500

续表

设备名称	型号规格	计量单位	价格（元）
配电箱	户内，9 回路	个	13700
配电箱	户内，6 回路	个	9900
配电箱	户内，4 回路	个	7600
配电箱	户内，2 回路	个	5200
配电箱	户外，16 回路	个	25400
配电箱	户外，12 回路	个	23800
配电箱	户外，9 回路	个	15600
配电箱	户外，8 回路	个	11600
配电箱	户外，6 回路	个	10900
配电箱	户外，5 回路	个	8900
配电箱	户外，4 回路	个	5700
配电箱	户外，3 回路	个	4200
配电箱	户外，2 回路	个	4000
配电箱	户外，1 回路	个	3700
5.9　低压电缆分支箱			
低压电缆分支箱	400V，七路，630A	只	7100

续表

设备名称	型号规格	计量单位	价格（元）
低压电缆分支箱	400V，七路，400A	只	5800
低压电缆分支箱	400V，七路，160A	只	3900
低压电缆分支箱	400V，五路，630A	只	5327
低压电缆分支箱	400V，五路，400A	只	4881
低压电缆分支箱	400V，五路，160A	只	3800
低压电缆分支箱	400V，四路，400A	只	4500
低压电缆分支箱	400V，四路，160A	只	3000
低压电缆分支箱	400V，三路，400A	只	2900
低压电缆分支箱	400V，三路，160A	只	2300
5.10 智能电能表			
智能电能表	0.2S 级，无控，100V	只	1300
智能电能表	0.2S 级，无控，57.7V	只	1200
智能电能表	0.5S 级，无控，220V	只	1300
智能电能表	0.5S 级，无控，100V	只	1300
智能电能表	0.5S 级，无控，57.7V	只	1500
智能电能表	1 级，无控，100V	只	1000

续表

设备名称	型号规格	计量单位	价格（元）
5.11　数字化电能表			
数字化电能表	0.2S/2 级	只	3200
数字化电能表	0.5S/2 级	只	3000

第6章　控制保护装置

设备名称	型号规格	计量单位	价格（元）
6.1 低压电容器柜			
低压电容器柜	380V，固定式，360kvar	台	25300
低压电容器柜	380V，固定式，300kvar	台	22600
低压电容器柜	380V，固定式，240kvar	台	20100
低压电容器柜	380V，固定式，160kvar	台	19000
低压电容器柜	380V，固定式，130kvar	台	15800
低压电容器柜	380V，固定式，100kvar	台	13600
低压电容器柜	380V，固定式，60kvar	台	11900
低压电容器柜	380V，常规+SVC，360kvar	台	54500
低压电容器柜	380V，常规+SVC，300kvar	台	51300
低压电容器柜	380V，常规+SVC，240kvar	台	48600
低压电容器柜	380V，抽屉式，300kvar	台	15700
低压电容器柜	380V，抽屉式，240kvar	台	14400
低压电容器柜	380V，抽屉式，150kvar	台	14000
6.2 电流互感器			
电流互感器	10kV，1500/5	台	1430
电流互感器	10kV，1000/5	台	1420

续表

设备名称	型号规格	计量单位	价格（元）
电流互感器	10kV，800/5	台	1240
电流互感器	10kV，600/5	台	1050
电流互感器	10kV，500/5	台	620
电流互感器	10kV，400/5	台	550
电流互感器	500V，1500/5	台	106
电流互感器	500V，1000/5	台	96
电流互感器	500V，800/5	台	94
电流互感器	500V，600/5	台	92
电流互感器	500V，400/5	台	89
6.3　电压互感器			
电压互感器	10kV，干式，三相，0.5	台	3690
电压互感器	10kV，干式，三相，0.2	台	2350
电压互感器	10kV，干式，单相，0.5	台	1320
电压互感器	10kV，干式，单相，0.2	台	850
6.4　柱上无功补偿成套装置			
柱上无功补偿成套装置	10kV，450kvar	套	30530

续表

设备名称	型号规格	计量单位	价格（元）
柱上无功补偿成套装置	10kV，300kvar	套	25040
柱上无功补偿成套装置	10kV，150kvar	套	20800
柱上无功补偿成套装置	380V，60kvar	套	15750
柱上无功补偿成套装置	380V，30kvar	套	9930
6.5　组合互感器			
组合互感器	10kV，干式	台	3740
6.6　变电站监控系统			
变电站监控系统	10kV	套	281600
6.7　测量控制装置			
测量控制装置	10kV	套	36700
6.8　智能巡检控制系统			
智能巡检控制系统	10kV	套	141400
6.9　配电终端			
配电终端	站所终端（DTU）	套	17160
配电终端	馈线终端（FTU）	套	6040
配电终端	配变终端（TTU）	套	7290

续表

设备名称	型号规格	计量单位	价格（元）
6.10　备用设备及备用电源自动投入			
备用设备及备用电源自动投入	10kV	套	15440
备用设备及备用电源自动投入	400V	套	10460
6.11　母联（分段）保护			
母联（分段）保护	10kV	套	9900
6.12　电容器保护			
电容器保护	10kV	套	10000
6.13　线路保护			
线路保护	10kV	套	10400
6.14　蓄电池组			
蓄电池组	DC 12V，200Ah	套	41400
蓄电池组	DC 12V，150Ah	套	30300
蓄电池组	DC 12V，100Ah	套	10800
蓄电池组	DC 2V，1200Ah	套	50300
蓄电池组	DC 2V，1000Ah	套	44600
蓄电池组	DC 2V，800Ah	套	37600

续表

设备名称	型号规格	计量单位	价格（元）
蓄电池组	DC 2V，500Ah	套	37000
蓄电池组	DC 2V，400Ah	套	33100
蓄电池组	DC 2V，300Ah	套	30800
蓄电池组	DC 2V，200Ah	套	22200
蓄电池组	DC 2V，100Ah	套	14400
6.15 UPS 电源（不间断电源）			
UPS 电源（不间断电源）	100kVA	套	133700
UPS 电源（不间断电源）	80kVA	套	130000
UPS 电源（不间断电源）	40kVA	套	115500
UPS 电源（不间断电源）	30kVA	套	73000
UPS 电源（不间断电源）	25kVA	套	64000
UPS 电源（不间断电源）	20kVA	套	45000
UPS 电源（不间断电源）	15kVA	套	41300
UPS 电源（不间断电源）	10kVA	套	27000
UPS 电源（不间断电源）	7.5kVA	套	18300
UPS 电源（不间断电源）	5kVA	套	17400

续表

设备名称	型号规格	计量单位	价格（元）
UPS 电源（不间断电源）	3kVA	套	12700
UPS 电源（不间断电源）	2kVA	套	9200
6.16　馈电屏			
馈电屏	DC 110V	套	33100
馈电屏	DC 48V	套	12600
6.17　直流电源系统			
直流电源系统	DC 220V，400A	套	250100
直流电源系统	DC 220V，200A	套	247300
直流电源系统	DC 220V，100A	套	146400
直流电源系统	DC 220V，80A	套	99800
直流电源系统	DC 220V，70A	套	81300
直流电源系统	DC 220V，60A	套	76400
直流电源系统	DC 220V，50A	套	62400
直流电源系统	DC 220V，40A	套	58300
直流电源系统	DC 220V，30A	套	48200
直流电源系统	DC 220V，10A	套	28000

续表

设备名称	型号规格	计量单位	价格（元）
直流电源系统	DC 110V，200A	套	196200
直流电源系统	DC 110V，100A	套	85500
直流电源系统	DC 110V，60A	套	59600
直流电源系统	DC 110V，40A	套	51700
直流电源系统	DC 110V，30A	套	45900
直流电源系统	DC 110V，10A	套	21100
6.18　一体化电源系统			
一体化电源系统	DC 220V，100A	套	156700
一体化电源系统	DC 220V，60A	套	114300
一体化电源系统	DC 220V，50A	套	94900
一体化电源系统	DC 220V，40A	套	91400
一体化电源系统	DC 110V，100A	套	78900
6.19　厂站终端			
厂站终端	GPRS，机架式	套	11100
厂站终端	GPRS，表型	套	5200
厂站终端	光纤，机架式	套	12100

续表

设备名称	型号规格	计量单位	价格（元）
厂站终端	光纤，表型	套	7600
6.20　变电在线监测装置			
变电在线监测装置	变电设备在线监测主站	套	93900
变电在线监测装置	SF_6 监测系统	套	16400
6.21　线路在线监测装置			
线路在线监测装置	综合在线监测装置	套	132100
6.22　解列装置			
解列装置	10kV	套	20900
6.23　减载装置			
减载装置	10kV	套	5000
6.24　消谐装置			
消谐装置	10kV	套	5700
6.25　合并单元			
合并单元	常规互感器，常规互感器	套	25000
6.26　智能一体化电源系统			
智能一体化电源系统	DC 220V，500A	套	1136300

续表

设备名称	型号规格	计量单位	价格（元）
智能一体化电源系统	DC 220V，400A	套	669300
智能一体化电源系统	DC 220V，300A	套	614600
智能一体化电源系统	DC 220V，100A	套	200100
智能一体化电源系统	DC 220V，80A	套	160700
智能一体化电源系统	DC 220V，70A	套	150100
智能一体化电源系统	DC 220V，50A	套	138700
智能一体化电源系统	DC 220V，40A	套	79800
智能一体化电源系统	DC 110V，900A	套	1394700
6.27 防雷设备			
防雷设备	浪涌保护	台	472
防雷设备	线路过电压保护器	台	82
防雷设备	绝缘子式限压器	台	283
防雷设备	线路防雷装置	台	200
防雷设备	避雷针	台	7394

第 7 章 通信设备材料

设备名称	型号规格	计量单位	价格（元）
7.1 综合接入设备			
综合接入设备	32	台	3460
综合接入设备	16	台	2790
7.2 直流-48V 通信电源成套设备			
直流-48V 通信电源成套设备	500A，500Ah	套	64900
直流-48V 通信电源成套设备	300A，500Ah	套	39000
直流-48V 通信电源成套设备	200A，500Ah	套	36000
直流-48V 通信电源成套设备	200A，300Ah	套	34200
直流-48V 通信电源成套设备	160A，300Ah	套	33400
直流-48V 通信电源成套设备	120A，500Ah	套	31300
直流-48V 通信电源成套设备	120A，300Ah	套	22100
直流-48V 通信电源成套设备	90A，100Ah	套	15600
7.3 光纤配线架（ODF）			
光纤配线架（ODF）	≥144 芯	套	6950
光纤配线架（ODF）	72144 芯	套	5990
光纤配线架（ODF）	≤72 芯	套	2370

续表

设备名称	型号规格	计量单位	价格（元）
7.4　数字配线架（DDF）			
数字配线架（DDF）	100~200 系统	套	8640
数字配线架（DDF）	40~100 系统	套	7380
数字配线架（DDF）	≤40 系统	套	1390
7.5　音频配线架（VDF）			
音频配线架（VDF）	≥400 回线	套	8250
音频配线架（VDF）	100~400 回线	套	3700
7.6　录音系统			
录音系统	数字，>8	套	41100
录音系统	数字，≤8	套	19400
7.7　KVM 多计算机切换器			
KVM 多计算机切换器	USB	台	116000
7.8　KVM 延伸器			
KVM 延伸器	USB	台	16300
7.9　机柜			
机柜	800mm，2200mm，600mm	套	5230

续表

设备名称	型号规格	计量单位	价格（元）
机柜	800mm，2000mm，1000mm	套	13160
机柜	600mm，2200mm，600mm	套	4840
机柜	600mm，2000mm，1000mm	套	9460
7.10 平板电脑			
平板电脑	7″	台	5330
7.11 自助缴费终端			
自助缴费终端	壁挂式-标配	套	19400
自助缴费终端	标准型大堂式-扩展	套	48880
自助缴费终端	标准型穿墙式-扩展	套	51470
7.12 数配模块			
数配模块	DDF16，通用性配件	个	800
7.13 光配模块			
光配模块	ODF/72，通用性配件	个	1110
7.14 音频模块			
音频模块	VDF100，通用性配件	个	720

续表

设备名称	型号规格	计量单位	价格（元）
7.15　普通光缆			
普通光缆	48 芯，G.652，直埋Ⅰ型光缆	km	4633
普通光缆	48 芯，G.652，管道光缆	km	3620
普通光缆	48 芯，G.652，非金属光缆	km	4185
普通光缆	48 芯，G.652，非金属阻燃光缆	km	4900
普通光缆	36 芯，G.652，直埋Ⅰ型光缆	km	4060
普通光缆	36 芯，G.652，非金属光缆	km	3650
普通光缆	36 芯，G.652，非金属阻燃光缆	km	4360
普通光缆	32 芯，G.652，非金属阻燃光缆	km	3450
普通光缆	24 芯，G.652，直埋Ⅰ型光缆	km	3570
普通光缆	24 芯，G.652，管道光缆	km	2370
普通光缆	24 芯，G.652，非金属光缆	km	2330
普通光缆	24 芯，G.652，非金属阻燃光缆	km	3870
普通光缆	16 芯，G.652，非金属阻燃光缆	km	2870
普通光缆	12 芯，G.652，直埋Ⅰ型光缆	km	2500
普通光缆	12 芯，G.652，管道光缆	km	1830

续表

设备名称	型号规格	计量单位	价格（元）
普通光缆	12 芯，G. 652，非金属光缆	km	1550
普通光缆	12 芯，G. 652，非金属阻燃光缆	km	2910
7. 16　全介质自承式光缆（ADSS）			
全介质自承式光缆（ADSS）	48 芯，G. 655，≥12. 4kN	km	13670
全介质自承式光缆（ADSS）	48 芯，G. 652，≥11. 0kN	km	7810
全介质自承式光缆（ADSS）	48 芯，G. 652，≥12. 4kN	km	8150
全介质自承式光缆（ADSS）	48 芯，G. 652，≥18. 2kN	km	8620
全介质自承式光缆（ADSS）	48 芯，G. 652，≥31. 0kN	km	9295
全介质自承式光缆（ADSS）	48 芯，G. 652，≥34. 5kN	km	9856
全介质自承式光缆（ADSS）	48 芯，G. 652，≥40. 3kN	km	11140
全介质自承式光缆（ADSS）	48 芯，G. 652，≥49. 6kN	km	12060
全介质自承式光缆（ADSS）	48 芯，G. 652，≥57. 8kN	km	14800
全介质自承式光缆（ADSS）	48 芯，G. 652，≥64. 7kN	km	16630
全介质自承式光缆（ADSS）	36 芯，G. 652，≥11. 0kN	km	5890
全介质自承式光缆（ADSS）	36 芯，G. 652，≥16. 0kN	km	8320
全介质自承式光缆（ADSS）	36 芯，G. 652，≥24. 0kN	km	8970

续表

设备名称	型号规格	计量单位	价格（元）
全介质自承式光缆（ADSS）	36 芯，G. 652，≥30. 6kN	km	10140
全介质自承式光缆（ADSS）	36 芯，G. 652，≥39. 0kN	km	10990
全介质自承式光缆（ADSS）	36 芯，G. 652，≥48. 0kN	km	12720
全介质自承式光缆（ADSS）	36 芯，G. 652，≥55. 0kN	km	13600
全介质自承式光缆（ADSS）	24 芯，G. 655，≥11. 0kN	km	6190
全介质自承式光缆（ADSS）	24 芯，G. 655，≥55. 0kN	km	17780
全介质自承式光缆（ADSS）	24 芯，G. 652，≥11. 0kN	km	5920
全介质自承式光缆（ADSS）	24 芯，G. 652，≥16. 0kN	km	6620
全介质自承式光缆（ADSS）	24 芯，G. 652，≥24. 0kN	km	7750
全介质自承式光缆（ADSS）	24 芯，G. 652，≥30. 6kN	km	8830
全介质自承式光缆（ADSS）	24 芯，G. 652，≥39. 0kN	km	10300
全介质自承式光缆（ADSS）	24 芯，G. 652，≥48. 0kN	km	11950
全介质自承式光缆（ADSS）	24 芯，G. 652，≥55. 0kN	km	13280
全介质自承式光缆（ADSS）	24 芯，G. 652，≥62. 0kN	km	14290
全介质自承式光缆（ADSS）	16 芯，G. 652，≥11. 0kN	km	4580
全介质自承式光缆（ADSS）	16 芯，G. 652，≥16. 0kN	km	5220

续表

设备名称	型号规格	计量单位	价格（元）
全介质自承式光缆（ADSS）	16芯，G.652，≥24.0kN	km	7250
7.17　预制光缆			
预制光缆	24芯	m	92
预制光缆	12芯	m	73
7.18　光缆悬垂串			
光缆悬垂串	70kN，ADSS用单线夹	套	204
光缆悬垂串	70kN，ADSS用双线夹	套	329
光缆悬垂串	40kN，ADSS用单线夹	套	124
光缆悬垂串	40kN，ADSS用双线夹	套	268
7.19　光缆耐张串			
光缆耐张串	70kN，ADSS用单线夹	套	130
光缆耐张串	70kN，ADSS用双线夹	套	265
光缆耐张串	40kN，ADSS用单线夹	套	124
光缆耐张串	40kN，ADSS用双线夹	套	269
7.20　光缆接头盒			
光缆接头盒	ADSS光缆用，48芯	只	419

续表

设备名称	型号规格	计量单位	价格（元）
光缆接头盒	ADSS 光缆用，36 芯	只	378
光缆接头盒	ADSS 光缆用，24 芯	只	336
光缆接头盒	ADSS 光缆用，16 芯	只	310
光缆接头盒	普通光缆用，48 芯	只	235
光缆接头盒	普通光缆用，24 芯	只	199
7.21 光缆金具			
光缆金具	ADSS，卡具	副	31
光缆金具	ADSS，悬垂金具	副	66
光缆金具	ADSS，耐张金具	副	46
光缆金具	ADSS，联结金具	副	101
光缆金具	ADSS，防振金具	副	61

第8章 电线

材料名称	型号规格	计量单位	价格（元）
8.1　封闭母线桥			
封闭母线桥	AC 20kV，1250A	m	21550
封闭母线桥	AC 10kV，4000A	m	11230
封闭母线桥	AC 10kV，3150A	m	9330
封闭母线桥	AC 10kV，2500A	m	7430
封闭母线桥	AC 10kV，1250A	m	3680
封闭母线桥	AC 380V，3150A	m	7640
封闭母线桥	AC 380V，2000A	m	4470
封闭母线桥	AC 380V，1250A	m	3020
8.2　封闭绝缘母线			
封闭绝缘母线	AC 1kV，2000A	m	5990
封闭绝缘母线	AC 1kV，1000A	m	2760
封闭绝缘母线	AC 380V，3200A	m	6700
封闭绝缘母线	AC 380V，2500A	m	5870
8.3　槽形母线			
槽形母线	2500A	m	1310
槽形母线	2000A	m	1290

续表

材料名称	型号规格	计量单位	价格（元）
槽形母线	1600A	m	1130
槽形母线	1250A	m	1120
槽形母线	800A	m	1110
8.4 管状母线			
管状母线	6300A	m	770
管状母线	6000A	m	440
管状母线	5000A	m	290
管状母线	4500A	m	290
管状母线	4000A	m	290
管状母线	3150A	m	280
管状母线	2500A	m	260
管状母线	2000A	m	170
管状母线	1600A	m	160
8.5 矩形母线			
矩形母线	4000A	m	2880
矩形母线	3150A	m	1730

续表

材料名称	型号规格	计量单位	价格（元）
矩形母线	2500A	m	1520
矩形母线	2000A	m	1190
矩形母线	1250A	m	590
8.6　密集绝缘母线槽始端箱			
密集绝缘母线槽始端箱	2500A	个	5420
密集绝缘母线槽始端箱	2000A	个	4700
密集绝缘母线槽始端箱	1600A	个	3990
密集绝缘母线槽始端箱	1250A	个	2700
密集绝缘母线槽始端箱	800A	个	1770
8.7　密集绝缘母线槽连接器			
密集绝缘母线槽连接器	2500A，五相	套	830
密集绝缘母线槽连接器	2000A，五相	套	650
密集绝缘母线槽连接器	1600A，五相	套	590
密集绝缘母线槽连接器	1250A，五相	套	370
密集绝缘母线槽连接器	800A，五相	套	300

续表

材料名称	型号规格	计量单位	价格（元）
8.8　密集绝缘母线槽沉降节			
密集绝缘母线槽沉降节	2500A	只	4980
密集绝缘母线槽沉降节	2000A	只	4300
密集绝缘母线槽沉降节	1600A	只	3620
密集绝缘母线槽沉降节	1250A	只	2930
密集绝缘母线槽沉降节	800A	只	740
8.9　密集绝缘母线槽吊架			
密集绝缘母线槽吊架	2.5m，钢制	副	60
8.10　密集绝缘母线槽插接箱			
密集绝缘母线槽插接箱	400A，含（三极），不带	个	1070
密集绝缘母线槽插接箱	250A，含（三极），不带	个	480
密集绝缘母线槽插接箱	160A，含（三极），不带	个	330
密集绝缘母线槽插接箱	100A，含（三极），不带	个	180
8.11　电线			
电线	BLVV，240，1芯	m	20.09
电线	BLVV，120，1芯	m	9.94

续表

材料名称	型号规格	计量单位	价格（元）
电线	BLVV，70，1 芯	m	5. 72
电线	BLVV，50，1 芯	m	4. 59
电线	BLVV，35，1 芯	m	3. 20
电线	BLVV，25，1 芯	m	2. 65
电线	BLVV，16，1 芯	m	1. 66
电线	BLVVB，16，2 芯	m	3. 51
电线	BLVVB，10，2 芯	m	2. 10
电线	BLVVB，6，2 芯	m	1. 86
电线	BLV，240，1 芯	m	20. 18
电线	BLV，185，1 芯	m	15. 14
电线	BLV，150，1 芯	m	12. 61
电线	BLV，120，1 芯	m	10. 09
电线	BLV，95，1 芯	m	7. 57
电线	BLV，70，1 芯	m	5. 05
电线	BLV，50，1 芯	m	3. 72
电线	BLV，35，1 芯	m	2. 67

续表

材料名称	型号规格	计量单位	价格（元）
电线	BLV，25，1芯	m	1.97
电线	BLV，16，1芯	m	1.27
电线	BLV，10，1芯	m	0.88
电线	BV，120，1芯	m	81.99
电线	BV，70，1芯	m	57.13
电线	BV，50，1芯	m	33.98
电线	BV，35，1芯	m	24.18
电线	BV，25，1芯	m	17.25
电线	BV，16，1芯	m	11.10
电线	BV，10，1芯	m	7.06
电线	BV，6，1芯	m	4.20
电线	BV，4，3芯	m	10.09
电线	BV，4，1芯	m	2.87
电线	BV，2.5，3芯	m	6.31
电线	BV，2.5，1芯	m	1.78
电线	BV，1.5，1芯	m	1.03

续表

材料名称	型号规格	计量单位	价格（元）
电线	BV，0.75，1芯	m	0.87
电线	BV，0.5，2芯	m	1.55
电线	BLX，25，1芯	m	2.52
电线	BVR，300，1芯	m	218.21
电线	BVR，240，1芯	m	167.75
电线	BVR，150，1芯	m	103.43
电线	BVR，120，1芯	m	84.51
电线	BVR，95，1芯	m	66.85
电线	BVR，50，1芯	m	35.32
电线	BVR，35，1芯	m	26.49
电线	BVR，25，1芯	m	18.94
电线	BVR，16，1芯	m	11.35
电线	BVR，10，1芯	m	7.71
电线	BVR，6，1芯	m	4.02
电线	BVR，4，1芯	m	2.80
电线	BVR，2.5，1芯	m	1.72

续表

材料名称	型号规格	计量单位	价格（元）
电线	BVR，1.5，1芯	m	1.26
电线	BVV，10，2芯	m	15.40
电线	BVV，6，2芯	m	10.48
电线	BVV，4，2芯	m	7.06
电线	BVV，2.5，2芯	m	5.14
电线	BVV，1，2芯	m	3.16
电线	BVV，0.75，2芯	m	2.75
电线	BVV，0.5，2芯	m	1.56
电线	BVVB，16，2芯	m	19.02
电线	BVVB，10，2芯	m	14.04
电线	BVVB，6，2芯	m	8.42
电线	BVVB，4，2芯	m	5.93
电线	BVVB，2.5，2芯	m	3.89
电线	BVVB，1.5，3芯	m	3.78
电线	BVVB，1.5，2芯	m	2.45
电线	BVVB，1.5，1芯	m	2.40

续表

材料名称	型号规格	计量单位	价格（元）
电线	NLYV，95，1 芯	m	8.83
电线	NLYV，70，1 芯	m	6.31
电线	NLYV，50，1 芯	m	5.05
电线	NLYV，35，1 芯	m	3.78
电线	NLYV，25，1 芯	m	2.77
电线	NLYV，16，1 芯	m	2.52
电线	RVS，0.75，2 芯	m	1.39
电线	RVS，0.5，2 芯	m	1.32
电线	RVVB，1.5，2 芯	m	2.52
电线	RVVP，0.75，2 芯	m	3.36
电线	RVVP，0.5，2 芯	m	2.52
电线	RVV，1.5，2 芯	m	2.60
电线	RVV，0.75，2 芯	m	2.52
电线	YZ，4，4 芯	m	13.87
电线	YZ，2.5，4 芯	m	8.83
电线	YZ，2.5，2 芯	m	5.05

续表

材料名称	型号规格	计量单位	价格（元）
电线	YZ，1.5，2 芯	m	3.78
电线	ZBV，4，1 芯	m	2.52
电线	ZBV，2.5，1 芯	m	1.26
8.12　钢绞线			
钢绞线	100	t	9030
钢绞线	80	t	8830
钢绞线	50	t	8630
钢绞线	35	t	8000
8.13　钢芯铝绞线			
钢芯铝绞线	630/55	t	17290
钢芯铝绞线	500/45	t	17190
钢芯铝绞线	400/50	t	17190
钢芯铝绞线	400/35	t	17400
钢芯铝绞线	300/25	t	16990
钢芯铝绞线	240/30	t	17250
钢芯铝绞线	185/25	t	17370

续表

材料名称	型号规格	计量单位	价格（元）
钢芯铝绞线	150/25	t	16690
钢芯铝绞线	150/20	t	16930
钢芯铝绞线	120/20	t	16930
钢芯铝绞线	95/15	t	15670
钢芯铝绞线	70/10	t	16570
钢芯铝绞线	50/8	t	16690
钢芯铝绞线	35/6	t	15890
8.14　钢芯耐热铝合金绞线			
钢芯耐热铝合金绞线	1440/120	t	20260
钢芯耐热铝合金绞线	630/55	t	18480
8.15　集束绝缘导线			
集束绝缘导线	AC 0.4kV，BS-JKLYJ，25	km	4920
集束绝缘导线	AC 0.4kV，BS3-JKLYJ，70	km	9520
集束绝缘导线	AC 0.4kV，BS3-JKLYJ，35	km	5570
集束绝缘导线	AC 0.4kV，BS3-JKLYJ，16	km	2890
集束绝缘导线	AC 0.4kV，BS3-JKYJ，25	km	33470

续表

材料名称	型号规格	计量单位	价格（元）
集束绝缘导线	AC 0.4kV，BS3-JKYJ，16	km	21580
集束绝缘导线	AC 0.4kV，BS3-JKYJ，10	km	14420
集束绝缘导线	AC 0.4kV，BS1-JKLYJ，120	km	37290
集束绝缘导线	AC 0.4kV，BS1-JKLYJ，70	km	22940
集束绝缘导线	AC 0.4kV，BS1-JKLYJ，35	km	13010
集束绝缘导线	AC 0.4kV，BS1-JKLYJ，16	km	6760
集束绝缘导线	AC 0.4kV，BS1-JKYJ，120	km	260170
集束绝缘导线	AC 0.4kV，BS1-JKYJ，70	km	184980
集束绝缘导线	AC 0.4kV，BS1-JKYJ，50	km	119110
集束绝缘导线	AC 0.4kV，BS1-JKYJ，35	km	74440
集束绝缘导线	AC 0.4kV，BS1-JKYJ，25	km	60530
8.16　架空绝缘导线			
架空绝缘导线	AC 20kV，JKLHYJ，240	km	24330
架空绝缘导线	AC 20kV，JKLHYJ，150	km	17010
架空绝缘导线	AC 20kV，JKLHYJ，70	km	10940
架空绝缘导线	AC 20kV，JKLYJ，240	km	21570

续表

材料名称	型号规格	计量单位	价格（元）
架空绝缘导线	AC 20kV，JKLYJ，150	km	15260
架空绝缘导线	AC 20kV，JKLYJ，70	km	9100
架空绝缘导线	AC 10kV，JKLGYJ，240/30	km	22390
架空绝缘导线	AC 10kV，JKLGYJ，185/25	km	17030
架空绝缘导线	AC 10kV，JKLGYJ，150/25	km	14420
架空绝缘导线	AC 10kV，JKLGYJ，120/20	km	12070
架空绝缘导线	AC 10kV，JKLGYJ，95/15	km	9120
架空绝缘导线	AC 10kV，JKLGYJ，70/10	km	8260
架空绝缘导线	AC 10kV，JKLGYJ，50/8	km	5460
架空绝缘导线	AC 10kV，JKLHYJ/Q，240	km	20980
架空绝缘导线	AC 10kV，JKLHYJ/Q，150	km	12950
架空绝缘导线	AC 10kV，JKLHYJ/Q，70	km	6780
架空绝缘导线	AC 10kV，JKLYJ，240	km	19450
架空绝缘导线	AC 10kV，JKLYJ，185	km	16350
架空绝缘导线	AC 10kV，JKLYJ，150	km	13230

续表

材料名称	型号规格	计量单位	价格（元）
架空绝缘导线	AC 10kV，JKLYJ，120	km	10670
架空绝缘导线	AC 10kV，JKLYJ，95	km	8710
架空绝缘导线	AC 10kV，JKLYJ，70	km	6960
架空绝缘导线	AC 10kV，JKLYJ，50	km	5660
架空绝缘导线	AC 10kV，JKTRJY，35	km	24680
架空绝缘导线	AC 10kV，JKYJ，95	km	67590
架空绝缘导线	AC 10kV，JKYJ，50	km	30100
架空绝缘导线	AC 1kV，JKLGYJ，240/30	km	20390
架空绝缘导线	AC 1kV，JKLGYJ，185/25	km	14310
架空绝缘导线	AC 1kV，JKLGYJ，120/20	km	9470
架空绝缘导线	AC 1kV，JKLGYJ，95	km	8030
架空绝缘导线	AC 1kV，JKLGYJ，70/10	km	5890
架空绝缘导线	AC 1kV，JKLGYJ，70	km	5700
架空绝缘导线	AC 1kV，JKLYJ，240	km	16700
架空绝缘导线	AC 1kV，JKLYJ，185	km	13590

续表

材料名称	型号规格	计量单位	价格（元）
架空绝缘导线	AC 1kV，JKLYJ，150	km	10170
架空绝缘导线	AC 1kV，JKLYJ，120	km	8730
架空绝缘导线	AC 1kV，JKLYJ，70	km	5160
架空绝缘导线	AC 1kV，JKLYJ，35	km	2940
架空绝缘导线	AC 1kV，JKLYJ，25	km	1880
架空绝缘导线	AC 1kV，JKLYJ，16	km	1270
架空绝缘导线	AC 1kV，JKTRJY，300	km	209540
架空绝缘导线	AC 1kV，JKTRJY，240	km	139020
架空绝缘导线	AC 1kV，JKTRJY，150	km	103230
架空绝缘导线	AC 1kV，JKYJ，240	km	151350
架空绝缘导线	AC 1kV，JKYJ，185	km	121980
架空绝缘导线	AC 1kV，JKYJ，120	km	75380
架空绝缘导线	AC 1kV，JKYJ，70	km	42150
架空绝缘导线	AC 1kV，JKYJ，35	km	21950
架空绝缘导线	AC 1kV，JKYJ，16	km	10820

续表

材料名称	型号规格	计量单位	价格（元）
架空绝缘导线	AC 1kV，JKYJ，10	km	6820
8.17　扩径导线			
扩径导线	空心	t	31450
8.18　铝包钢绞线			
铝包钢绞线	50	t	16500
铝包钢绞线	35	t	
8.19　铝绞线			
铝绞线	185	t	18780
铝绞线	150	t	19210
8.20　软铜绞线			
软铜绞线	150	km	140420
软铜绞线	35	km	35980
软铜绞线	16	km	16480
软铜绞线	10	km	10310
软铜绞线	6	km	5610
软铜绞线	4	km	3740

续表

材料名称	型号规格	计量单位	价格（元）
软铜绞线	2.5	km	2330
8.21 预制连接线			
预制连接线	35，9m	套	7340
预制连接线	35，7m	套	6960

第9章 电缆

材料名称	型号规格	计量单位	价格（元）
9.1　电力电缆			
电力电缆	AC 20kV，YJV，400，3，22	km	939870
电力电缆	AC 20kV，YJV，300，3，22	km	744030
电力电缆	AC 20kV，YJV，240，3，22	km	582240
电力电缆	AC 20kV，YJV，185，3，22	km	493940
电力电缆	AC 20kV，YJV，120，3，22	km	335500
电力电缆	AC 20kV，YJV，70，3，22	km	220120
电力电缆	AC 10kV，YJLV，400，3，22	km	185360
电力电缆	AC 10kV，YJLV，300，3，22	km	173390
电力电缆	AC 10kV，YJLV，240，3，23	km	173150
电力电缆	AC 10kV，YJLV，240，3，22	km	155740
电力电缆	AC 10kV，YJLV，120，3，22	km	96460
电力电缆	AC 10kV，YJLV，70，3，22	km	74270
电力电缆	AC 10kV，YJV，630，1，无铠装	km	410150
电力电缆	AC 10kV，YJV，400，3，22	km	855176
电力电缆	AC 10kV，YJV，400，3，无铠装	km	848910
电力电缆	AC 10kV，YJV，400，1，63	km	302610

续表

材料名称	型号规格	计量单位	价格（元）
电力电缆	AC 10kV，YJV，400，1，无铠装	km	289310
电力电缆	AC 10kV，YJV，300，3，22	km	682440
电力电缆	AC 10kV，YJV，300，3，无铠装	km	639650
电力电缆	AC 10kV，YJV，240，3，22	km	537310
电力电缆	AC 10kV，YJV，240，3，无铠装	km	535447
电力电缆	AC 10kV，YJV，185，3，22	km	439630
电力电缆	AC 10kV，YJV，150，3，22	km	348820
电力电缆	AC 10kV，YJV，150，3，无铠装	km	343690
电力电缆	AC 10kV，YJV，120，3，22	km	295372
电力电缆	AC 10kV，YJV，120，3，无铠装	km	292903
电力电缆	AC 10kV，YJV，95，3，22	km	231160
电力电缆	AC 10kV，YJV，95，1，无铠装	km	72200
电力电缆	AC 10kV，YJV，70，3，22	km	186670
电力电缆	AC 10kV，YJV，70，3，无铠装	km	182840
电力电缆	AC 10kV，YJV，35，3，22	km	107590
电力电缆	AC 10kV，YJY，400，3，22	km	863350

续表

材料名称	型号规格	计量单位	价格（元）
电力电缆	AC 10kV，YJY，300，3，22	km	684740
电力电缆	AC 10kV，YJY，240，3，22	km	549920
电力电缆	AC 10kV，YJY，185，3，22	km	442980
电力电缆	AC 10kV，YJY，150，3，22	km	358000
电力电缆	AC 10kV，YJY，120，3，23	km	302730
电力电缆	AC 10kV，YJY，120，3，22	km	288650
电力电缆	AC 10kV，YJY，95，3，23	km	263250
电力电缆	AC 10kV，YJY，70，3，23	km	200840
电力电缆	AC 10kV，YJY，50，3，23	km	151340
9.2　低压电力电缆			
低压电力电缆	VLV，120，4芯，22	km	63460
低压电力电缆	VLV，25，4芯，22	km	15820
低压电力电缆	VLV，25，4芯，无铠装	km	12060
低压电力电缆	VLV，25，2芯，无铠装	km	7170
低压电力电缆	VLV，16，2芯，22	km	7550
低压电力电缆	VLV，16，2芯，无铠装	km	5180

续表

材料名称	型号规格	计量单位	价格（元）
低压电力电缆	VLV，10，2芯，22	km	5610
低压电力电缆	VV，240，4芯，22	km	693650
低压电力电缆	VV，185，4芯，22	km	550160
低压电力电缆	VV，120，1芯，无铠装	km	81800
低压电力电缆	VV，95，4芯，22	km	268280
低压电力电缆	VV，95，2芯，22	km	135070
低压电力电缆	VV，95，1芯，无铠装	km	67650
低压电力电缆	VV，95，1芯，22	km	67290
低压电力电缆	VV，70，4芯，22	km	173650
低压电力电缆	VV，70，2芯，22	km	105000
低压电力电缆	VV，70，1芯，无铠装	km	48990
低压电力电缆	VV，50，4芯，22	km	142270
低压电力电缆	VV，50，2芯，22	km	74110
低压电力电缆	VV，50，1芯，无铠装	km	33150
低压电力电缆	VV，35，4芯，22	km	98680
低压电力电缆	VV，35，2芯，22	km	47650

续表

材料名称	型号规格	计量单位	价格（元）
低压电力电缆	VV，25，4 芯，22	km	74620
低压电力电缆	VV，25，2 芯，22	km	38860
低压电力电缆	VV，16，2 芯，22	km	23200
低压电力电缆	VV，10，3 芯，22	km	22010
低压电力电缆	VV，10，2 芯，22	km	16660
低压电力电缆	VV，6，4 芯，22	km	20570
低压电力电缆	VV，6，3 芯，22	km	14220
低压电力电缆	VV，6，2 芯，22	km	11300
低压电力电缆	VV，4，2 芯，22	km	8400
低压电力电缆	YFD，240，1 芯，无铠装	km	182460
低压电力电缆	YFD，120，1 芯，无铠装	km	90270
低压电力电缆	YFD，70，1 芯，无铠装	km	74580
低压电力电缆	YFD，50，1 芯，无铠装	km	35210
低压电力电缆	YFD，35，1 芯，无铠装	km	26090
低压电力电缆	YJLHV，300，4 芯，无铠装	km	166410
低压电力电缆	YJLHV，240，4 芯，无铠装	km	165200

续表

材料名称	型号规格	计量单位	价格（元）
低压电力电缆	YJLHV，150，4 芯，无铠装	km	107510
低压电力电缆	YJLHV，120，4 芯，无铠装	km	88610
低压电力电缆	YJLHV，70，4 芯，无铠装	km	57310
低压电力电缆	YJLHV，50，4 芯，无铠装	km	43880
低压电力电缆	YJLV，240，4 芯，22	km	81950
低压电力电缆	YJLV，150，4 芯，22	km	51330
低压电力电缆	YJLV，150，4 芯，无铠装	km	47390
低压电力电缆	YJLV，120，4 芯，22	km	42800
低压电力电缆	YJLV，120，4 芯，无铠装	km	38090
低压电力电缆	YJLV，95，4 芯，22	km	39660
低压电力电缆	YJLV，95，4 芯，无铠装	km	34070
低压电力电缆	YJLV，70，4 芯，22	km	28130
低压电力电缆	YJLV，70，4 芯，无铠装	km	24570
低压电力电缆	YJLV，50，4 芯，22	km	20950
低压电力电缆	YJLV，50，4 芯，无铠装	km	15680
低压电力电缆	YJLV，50，2 芯，无铠装	km	10710

续表

材料名称	型号规格	计量单位	价格（元）
低压电力电缆	YJLV，35，4 芯，22	km	15480
低压电力电缆	YJLV，35，4 芯，无铠装	km	14950
低压电力电缆	YJLV，25，4 芯，22	km	12640
低压电力电缆	YJLV，25，2 芯，22	km	9170
低压电力电缆	YJLV，16，4 芯，22	km	11530
低压电力电缆	YJLV，16，4 芯，无铠装	km	10160
低压电力电缆	YJLV，16，2 芯，22	km	6270
低压电力电缆	YJLV，16，2 芯，无铠装	km	5242
低压电力电缆	YJLV，10，2 芯，22	km	5389
低压电力电缆	YJV，300，4 芯，22	km	978850
低压电力电缆	YJV，300，1 芯，无铠装	km	212340
低压电力电缆	YJV，240，4 芯，22	km	676688
低压电力电缆	YJV，240，4 芯，无铠装	km	608280
低压电力电缆	YJV，240，1 芯，无铠装	km	178600
低压电力电缆	YJV，185，4 芯，22	km	520147
低压电力电缆	YJV，185，4 芯，无铠装	km	465763

续表

材料名称	型号规格	计量单位	价格（元）
低压电力电缆	YJV，185，2芯，22	km	246550
低压电力电缆	YJV，185，1芯，22	km	137090
低压电力电缆	YJV，185，1芯，无铠装	km	118940
低压电力电缆	YJV，150，4芯，22	km	367210
低压电力电缆	YJV，150，4芯，无铠装	km	415720
低压电力电缆	YJV，150，1芯，22	km	105810
低压电力电缆	YJV，150，1芯，无铠装	km	103500
低压电力电缆	YJV，120，4芯，22	km	336986
低压电力电缆	YJV，120，4芯，无铠装	km	304714
低压电力电缆	YJV，120，2芯，无铠装	km	156990
低压电力电缆	YJV，120，1芯，无铠装	km	84470
低压电力电缆	YJV，95，4芯，22	km	240510
低压电力电缆	YJV，95，4芯，无铠装	km	222020
低压电力电缆	YJV，95，2芯，22	km	127180
低压电力电缆	YJV，95，1芯，22	km	61140
低压电力电缆	YJV，95，1芯，无铠装	km	61120

续表

材料名称	型号规格	计量单位	价格（元）
低压电力电缆	YJV，70，4芯，22	km	195457
低压电力电缆	YJV，70，4芯，无铠装	km	177296
低压电力电缆	YJV，70，2芯，22	km	94440
低压电力电缆	YJV，50，4芯，22	km	121540
低压电力电缆	YJV，50，4芯，无铠装	km	111510
低压电力电缆	YJV，50，2芯，22	km	70930
低压电力电缆	YJV，50，2芯，无铠装	km	67300
低压电力电缆	YJV，50，1芯，22	km	34950
低压电力电缆	YJV，50，1芯，无铠装	km	33750
低压电力电缆	YJV，35，4芯，22	km	98334
低压电力电缆	YJV，35，4芯，无铠装	km	98046
低压电力电缆	YJV，35，2芯，22	km	55380
低压电力电缆	YJV，35，2芯，无铠装	km	52960
低压电力电缆	YJV，25，4芯，22	km	56210
低压电力电缆	YJV，25，2芯，22	km	43400
低压电力电缆	YJV，16，4芯，22	km	47430

续表

材料名称	型号规格	计量单位	价格（元）
低压电力电缆	YJV，16，4芯，无铠装	km	45640
低压电力电缆	YJV，16，3芯，22	km	36050
低压电力电缆	YJV，16，2芯，22	km	27320
低压电力电缆	YJV，16，2芯，无铠装	km	23290
低压电力电缆	YJV，10，4芯，22	km	31060
低压电力电缆	YJV，10，3芯，22	km	23570
低压电力电缆	YJV，10，2芯，22	km	16030
低压电力电缆	YJV，6，4芯，22	km	22880
低压电力电缆	YJV，6，3芯，22	km	15380
低压电力电缆	YJV，6，2芯，22	km	10940
低压电力电缆	YJV，4，4芯，22	km	14440
低压电力电缆	YJV，4，2芯，22	km	9160
低压电力电缆	YJY，300，4芯，23	km	793530
低压电力电缆	YJY，240，4芯，22	km	652760
低压电力电缆	YJY，240，4芯，无铠装	km	611180
低压电力电缆	YJY，240，1芯，23	km	183230

续表

材料名称	型号规格	计量单位	价格（元）
低压电力电缆	YJY，185，4芯，22	km	520380
低压电力电缆	YJY，185，4芯，无铠装	km	490940
低压电力电缆	YJY，185，1芯，23	km	124310
低压电力电缆	YJY，150，4芯，22	km	417600
低压电力电缆	YJY，150，4芯，无铠装	km	387200
低压电力电缆	YJY，120，4芯，22	km	326020
低压电力电缆	YJY，120，4芯，无铠装	km	319770
低压电力电缆	YJY，120，1芯，23	km	92780
低压电力电缆	YJY，95，4芯，22	km	259840
低压电力电缆	YJY，95，4芯，无铠装	km	247580
低压电力电缆	YJY，95，2芯，23	km	153910
低压电力电缆	YJY，95，1芯，23	km	74940
低压电力电缆	YJY，70，4芯，22	km	183974
低压电力电缆	YJY，70，4芯，无铠装	km	180605
低压电力电缆	YJY，70，2芯，23	km	101670
低压电力电缆	YJY，50，4芯，22	km	139840

续表

材料名称	型号规格	计量单位	价格（元）
低压电力电缆	YJY，50，4芯，无铠装	km	132590
低压电力电缆	YJY，50，2芯，23	km	77560
低压电力电缆	YJY，50，2芯，无铠装	km	61470
低压电力电缆	YJY，35，4芯，22	km	97480
低压电力电缆	YJY，35，4芯，无铠装	km	96340
低压电力电缆	YJY，35，2芯，23	km	54550
低压电力电缆	YJY，35，2芯，无铠装	km	47420
低压电力电缆	YJY，16，4芯，23	km	51980
低压电力电缆	YJY，16，4芯，无铠装	km	44980
低压电力电缆	YJY，16，2芯，23	km	29800
低压电力电缆	YJY，16，2芯，无铠装	km	20510
低压电力电缆	YJY，10，4芯，23	km	34430
低压电力电缆	YJY，10，3芯，23	km	29890
低压电力电缆	YJY，10，2芯，23	km	19670
低压电力电缆	YJY，10，2芯，22	km	15900
低压电力电缆	YJY，6，5芯，23	km	29660

续表

材料名称	型号规格	计量单位	价格（元）
低压电力电缆	YJY，6，4芯，23	km	22760
低压电力电缆	YJY，6，3芯，23	km	21650
低压电力电缆	YJY，6，3芯，22	km	14370
低压电力电缆	YJY，6，2芯，23	km	13370
低压电力电缆	YJY，4，5芯，23	km	19480
低压电力电缆	YJY，4，4芯，23	km	14110
低压电力电缆	YJY，4，3芯，23	km	12420
低压电力电缆	YJY，4，2芯，23	km	10280
9.3　控制电缆			
控制电缆	KVVP2，10	m	45.44
控制电缆	KVVP2，6	m	40.13
控制电缆	KVVP2，4	m	22.86
控制电缆	KVVP2，2.5	m	18.96
控制电缆	KVVP2，1.5	m	14.00
控制电缆	KYJYP2，6	m	29.44
控制电缆	KYJYP2，4	m	24.07

续表

材料名称	型号规格	计量单位	价格（元）
控制电缆	KYJYP2，2.5	m	18.98
控制电缆	KYJYP2，1.5	m	13.79
9.4　20kV 及以下电缆终端			
20kV 及以下电缆终端	AC 20kV，400mm^2，3 芯	套	882
20kV 及以下电缆终端	AC 20kV，300mm^2，3 芯	套	561
20kV 及以下电缆终端	AC 20kV，240mm^2，3 芯	套	482
20kV 及以下电缆终端	AC 20kV，185mm^2，3 芯	套	426
20kV 及以下电缆终端	AC 20kV，120mm^2，3 芯	套	378
20kV 及以下电缆终端	AC 20kV，70mm^2，3 芯	套	330
20kV 及以下电缆终端	AC 10kV，630mm^2，1 芯	套	265
20kV 及以下电缆终端	AC 10kV，400mm^2，3 芯	套	483
20kV 及以下电缆终端	AC 10kV，400mm^2，1 芯	套	148
20kV 及以下电缆终端	AC 10kV，300mm^2，3 芯	套	483
20kV 及以下电缆终端	AC 10kV，240mm^2，3 芯	套	407
20kV 及以下电缆终端	AC 10kV，240mm^2，1 芯	套	137
20kV 及以下电缆终端	AC 10kV，185mm^2，3 芯	套	374

续表

材料名称	型号规格	计量单位	价格（元）
20kV 及以下电缆终端	AC 10kV，150mm^2，3 芯	套	354
20kV 及以下电缆终端	AC 10kV，120mm^2，3 芯	套	338
20kV 及以下电缆终端	AC 10kV，120mm^2，1 芯	套	107
20kV 及以下电缆终端	AC 10kV，95mm^2，3 芯	套	328
20kV 及以下电缆终端	AC 10kV，70mm^2，3 芯	套	319
20kV 及以下电缆终端	AC 10kV，70mm^2，1 芯	套	105
20kV 及以下电缆终端	AC 10kV，50mm^2，3 芯	套	267
20kV 及以下电缆终端	AC 10kV，35mm^2，3 芯	套	242
20kV 及以下电缆终端	AC 1kV，300mm^2，1 芯	套	46
20kV 及以下电缆终端	AC 1kV，240/50mm^2，3 芯	套	113
20kV 及以下电缆终端	AC 1kV，240/35mm^2，3 芯	套	112
20kV 及以下电缆终端	AC 1kV，240mm^2，4 芯	套	148
20kV 及以下电缆终端	AC 1kV，240mm^2，1 芯	套	40
20kV 及以下电缆终端	AC 1kV，185/50mm^2，3 芯	套	105
20kV 及以下电缆终端	AC 1kV，185/35mm^2，3 芯	套	105
20kV 及以下电缆终端	AC 1kV，185mm^2，4 芯	套	128

续表

材料名称	型号规格	计量单位	价格（元）
20kV 及以下电缆终端	AC 1kV，185mm^2，1 芯	套	39
20kV 及以下电缆终端	AC 1kV，150/50mm^2，3 芯	套	101
20kV 及以下电缆终端	AC 1kV，150/35mm^2，3 芯	套	100
20kV 及以下电缆终端	AC 1kV，150mm^2，4 芯	套	106
20kV 及以下电缆终端	AC 1kV，150mm^2，1 芯	套	33
20kV 及以下电缆终端	AC 1kV，120/50mm^2，3 芯	套	82
20kV 及以下电缆终端	AC 1kV，120/35mm^2，3 芯	套	81
20kV 及以下电缆终端	AC 1kV，120mm^2，4 芯	套	96
20kV 及以下电缆终端	AC 1kV，95/50mm^2，3 芯	套	78
20kV 及以下电缆终端	AC 1kV，95/35mm^2，3 芯	套	78
20kV 及以下电缆终端	AC 1kV，95mm^2，4 芯	套	90
20kV 及以下电缆终端	AC 1kV，70/50mm^2，3 芯	套	71
20kV 及以下电缆终端	AC 1kV，70/35mm^2，3 芯	套	71
20kV 及以下电缆终端	AC 1kV，70mm^2，4 芯	套	76
20kV 及以下电缆终端	AC 1kV，50mm^2，4 芯	套	74
20kV 及以下电缆终端	AC 1kV，50mm^2，2 芯	套	67

续表

材料名称	型号规格	计量单位	价格（元）
20kV 及以下电缆终端	AC 1kV，35mm^2，4 芯	套	65
20kV 及以下电缆终端	AC 1kV，35mm^2，2 芯	套	61
20kV 及以下电缆终端	AC 1kV，25mm^2，4 芯	套	61
20kV 及以下电缆终端	AC 1kV，16mm^2，4 芯	套	61
20kV 及以下电缆终端	AC 1kV，16mm^2，2 芯	套	59
9.5　20kV 及以下电缆中间接头			
20kV 及以下电缆中间接头	AC 20kV，400mm^2，3 芯	套	1706
20kV 及以下电缆中间接头	AC 20kV，300mm^2，3 芯	套	1675
20kV 及以下电缆中间接头	AC 20kV，240mm^2，3 芯	套	1346
20kV 及以下电缆中间接头	AC 20kV，120mm^2，3 芯	套	1152
20kV 及以下电缆中间接头	AC 20kV，70mm^2，3 芯	套	928
20kV 及以下电缆中间接头	AC 10kV，400mm^2，3 芯	套	1186
20kV 及以下电缆中间接头	AC 10kV，400mm^2，1 芯	套	377
20kV 及以下电缆中间接头	AC 10kV，300mm^2，3 芯	套	1186
20kV 及以下电缆中间接头	AC 10kV，240mm^2，3 芯	套	1088
20kV 及以下电缆中间接头	AC 10kV，185mm^2，3 芯	套	1158

续表

材料名称	型号规格	计量单位	价格（元）
20kV 及以下电缆中间接头	AC 10kV，150mm^2，3 芯	套	1311
20kV 及以下电缆中间接头	AC 10kV，120mm^2，3 芯	套	1018
20kV 及以下电缆中间接头	AC 10kV，95mm^2，3 芯	套	937
20kV 及以下电缆中间接头	AC 10kV，70mm^2，3 芯	套	915
20kV 及以下电缆中间接头	AC 1kV，240mm^2，4 芯	套	193
20kV 及以下电缆中间接头	AC 1kV，150mm^2，4 芯	套	157
20kV 及以下电缆中间接头	AC 1kV，95mm^2，4 芯	套	147
20kV 及以下电缆中间接头	AC 1kV，50mm^2，4 芯	套	119
9.6　电缆接线端子			
电缆接线端子	铜铝过渡，400mm^2	只	31.26
电缆接线端子	铜铝过渡，300mm^2	只	30.16
电缆接线端子	铜铝过渡，240mm^2	只	16.14
电缆接线端子	铜铝过渡，185mm^2	只	13.46
电缆接线端子	铜铝过渡，150mm^2	只	11.87
电缆接线端子	铜铝过渡，120mm^2	只	8.28
电缆接线端子	铜铝过渡，95mm^2	只	4.71

续表

材料名称	型号规格	计量单位	价格（元）
电缆接线端子	铜铝过渡，$70mm^2$	只	4.11
电缆接线端子	铜铝过渡，$50mm^2$	只	2.60
电缆接线端子	铜铝过渡，$35mm^2$	只	1.86
电缆接线端子	铜铝过渡，$25mm^2$	只	1.69
电缆接线端子	铜铝过渡，$16mm^2$	只	1.29
电缆接线端子	铜，$400mm^2$	只	55.80
电缆接线端子	铜，$300mm^2$	只	46.35
电缆接线端子	铜，$240mm^2$	只	31.16
电缆接线端子	铜，$185mm^2$	只	22.94
电缆接线端子	铜，$150mm^2$	只	16.50
电缆接线端子	铜，$120mm^2$	只	9.74
电缆接线端子	铜，$95mm^2$	只	6.70
电缆接线端子	铜，$70mm^2$	只	5.48
电缆接线端子	铜，$50mm^2$	只	4.02
电缆接线端子	铜，$35mm^2$	只	2.61
电缆接线端子	铜，$25mm^2$	只	2.53

续表

材料名称	型号规格	计量单位	价格（元）
电缆接线端子	铜，16mm^2	只	2.35
电缆接线端子	铜，10mm^2	只	1.57
电缆接线端子	铝，400mm^2	只	8.58
电缆接线端子	铝，300mm^2	只	6.25
电缆接线端子	铝，240mm^2	只	5.51
电缆接线端子	铝，185mm^2	只	4.03
电缆接线端子	铝，150mm^2	只	3.13
电缆接线端子	铝，120mm^2	只	2.28
电缆接线端子	铝，70mm^2	只	1.57
电缆接线端子	铝，50mm^2	只	1.02
电缆接线端子	铝，35mm^2	只	0.78
电缆接线端子	铝，25mm^2	只	0.54

第10章 绝缘材料

材料名称	型号规格	计量单位	价格（元）
10.1　交流穿墙套管			
交流穿墙套管	4000A，铜	只	3803
交流穿墙套管	3150A，铜	只	2964
交流穿墙套管	3150A，铝	只	970
交流穿墙套管	2500A，铜	只	2904
交流穿墙套管	2000A，铜	只	2560
交流穿墙套管	1600A，铜	只	2029
交流穿墙套管	1250A，铜	只	1883
交流穿墙套管	1250A，铝	只	719
交流穿墙套管	800A，铜	只	1039
交流穿墙套管	630A，铜	只	596
交流穿墙套管	630A，铝	只	488
10.2　瓷拉棒绝缘子			
瓷拉棒绝缘子	SL-15/40	只	45
10.3　蝶式绝缘子			
蝶式绝缘子	ED-4	只	5.54
蝶式绝缘子	ED-3	只	5.85

续表

材料名称	型号规格	计量单位	价格（元）
蝶式绝缘子	ED-2	只	6.15
蝶式绝缘子	ED-1	只	6.68
10.4　交流棒形悬式复合绝缘子			
交流棒形悬式复合绝缘子	FXBW-10/70，390，490	支	56.71
交流棒形悬式复合绝缘子	FXBW-10/70-G，367，360	支	57.69
交流棒形悬式复合绝缘子	FXBW-10/70，310，350	支	43.06
交流棒形悬式复合绝缘子	FXBW-35/70-2，670，1015	支	88.93
交流棒形悬式复合绝缘子	FXBW-66/70-2，940，1920	支	171.61
10.5　交流盘形悬式瓷绝缘子			
交流盘形悬式瓷绝缘子	U300BP/195D，330，480	片	150.00
交流盘形悬式瓷绝缘子	U160BP/155D，300，450	片	88.00
交流盘形悬式瓷绝缘子	U120BP/146D，280，450	片	64.00
交流盘形悬式瓷绝缘子	U40C/140，190，200	片	44.35
交流盘形悬式瓷绝缘子	U70B/146，255，320	片	38.10
交流盘形悬式瓷绝缘子	U70BP/146D，280，450	片	65.00
交流盘形悬式瓷绝缘子	U70BP/146M，350，300	片	66.15

续表

材料名称	型号规格	计量单位	价格（元）
交流盘形悬式瓷绝缘子	U70C/146，255，320	片	53.98
10.6　拉紧绝缘子			
拉紧绝缘子	J-90	只	27.75
拉紧绝缘子	J-45	只	27.75
拉紧绝缘子	JH-120	只	28.95
拉紧绝缘子	JH-90	只	28.69
拉紧绝缘子	JH-70	只	27.55
拉紧绝缘子	JH-45	只	27.29
拉紧绝缘子	JH10-120	只	38.15
拉紧绝缘子	JH10-90	只	38.37
10.7　线路柱式复合绝缘子			
线路柱式复合绝缘子	FPQ-10/5，285，450	支	69.09
线路柱式复合绝缘子	FZS-10/5，252，400	支	0.98
10.8　绝缘涂料			
绝缘涂料	PRTV	kg	83.08

续表

材料名称	型号规格	计量单位	价格（元）
10.9 绝缘套管			
绝缘套管	AC 10kV	m	108.90
绝缘套管	AC 1kV	m	60.62

第11章 金具

材料名称	型号规格	计量单位	价格（元）
11.1　T型线夹-T型线夹			
T型线夹-T型线夹	TJL-4.2	副	26.14
T型线夹-T型线夹	TJL-3.3	副	26.14
T型线夹-T型线夹	TL-400	副	103.04
T型线夹-T型线夹	TL-300	副	84.64
T型线夹-T型线夹	TL-240	副	50.33
T型线夹-T型线夹	TL-185	副	45.20
T型线夹-T型线夹	TL-120	副	22.60
T型线夹-T型线夹	TL-55	副	38.57
T型线夹-T型线夹	TL-54	副	37.20
T型线夹-T型线夹	TL-45	副	32.89
T型线夹-T型线夹	TL-44	副	30.93
T型线夹-T型线夹	TL-43	副	30.93
T型线夹-T型线夹	TL-42	副	30.93
T型线夹-T型线夹	TL-41	副	30.01
T型线夹-T型线夹	TL-33	副	25.33
T型线夹-T型线夹	TL-32	副	22.02

续表

材料名称	型号规格	计量单位	价格（元）
T 型线夹-T 型线夹	TL-31	副	20. 94
T 型线夹-T 型线夹	TL-21	副	17. 20
T 型线夹-T 型线夹	TLL-400	副	103. 12
T 型线夹-T 型线夹	TLL-300	副	74. 25
T 型线夹-T 型线夹	TLL-240	副	50. 33
T 型线夹-T 型线夹	TLS-400/200	副	174. 65
T 型线夹-T 型线夹	TLS-300/200	副	119. 30
T 型线夹-T 型线夹	TLY-630/630	副	244. 64
T 型线夹-T 型线夹	TLY-500/35	副	224. 49
T 型线夹-T 型线夹	TLY-400/400	副	161. 89
T 型线夹-T 型线夹	TY-500/45	副	81. 72
T 型线夹-T 型线夹	TY-500/35	副	74. 62
T 型线夹-T 型线夹	TY-400/50	副	71. 59
T 型线夹-T 型线夹	TY-400/35	副	62. 89
T 型线夹-T 型线夹	TY-300/35	副	57. 17
T 型线夹-T 型线夹	TY-300/25	副	51. 53

续表

材料名称	型号规格	计量单位	价格（元）
T 型线夹-T 型线夹	TY-240/30	副	42.42
T 型线夹-T 型线夹	TY-185/25	副	32.43
T 型线夹-T 型线夹	TY-150/20	副	28.93
T 型线夹-T 型线夹	TY-95/20	副	22.14
T 型线夹-T 型线夹	TY2-400	副	36.57
T 型线夹-T 型线夹	TY2-300	副	34.91
T 型线夹-T 型线夹	TY2-240	副	26.60
T 型线夹-双导线 T 型线夹	TYS-2×240/120	副	112.49
11.2　保护金具-防振锤			
保护金具-防振锤	FDT-4/6A	副	108.50
保护金具-防振锤	FDYJ-2/4	副	81.00
保护金具-防振锤	FDZ-4	副	70.13
保护金具-防振锤	FDZ-3	副	68.35
保护金具-防振锤	FDZ-2	副	56.00
保护金具-防振锤	FDZ-1	副	35.41
保护金具-防振锤	FRY-2	副	61.00

续表

材料名称	型号规格	计量单位	价格（元）
保护金具-防振锤	FRY-3/5	副	97.00
保护金具-防振锤	FRYJ-4/5	副	120.00
保护金具-防振锤	FRYJ-4/6	副	140.00
保护金具-间隔棒	FJG-220/22	支	33.00
保护金具-间隔棒	TJ2-120-34/25	支	57.00
保护金具-间隔棒	TJ2-120-37/25	支	58.81
保护金具-均压屏蔽环	FJP-500NL1	副	345.34
保护金具-均压屏蔽环	FJP-500NL2	副	359.41
保护金具-均压屏蔽环	J-500X2	副	310.81
保护金具-均压屏蔽环	J-500X	副	264.76
保护金具-均压屏蔽环	JP2-500N	副	373.66
保护金具-均压屏蔽环	P-500X	副	471.97
保护金具-预绞丝护线条	FYH-500/45	副	181.05
保护金具-预绞丝护线条	FYH-400/35	副	140.62
保护金具-预绞丝护线条	FYH-300/40	副	117.73
保护金具-预绞丝护线条	FYH-240/30	副	87.14

续表

材料名称	型号规格	计量单位	价格（元）
保护金具-预绞丝护线条	FYH-150/25	副	56.76
保护金具-预绞丝护线条	FYH-95/20	副	38.23
保护金具-重锤片	FZC-15Y	片	120.00
保护金具-重锤片	FZC-20	片	170.00
保护金具-重锤片	ZC-18G	片	61.66
保护金具-重锤片	ZC-40	片	71.32
保护金具-重锤片	ZC-22	片	66.32
保护金具-重锤片	ZC-20	片	61.66
保护金具-重锤片	ZC-18	片	48.96
保护金具-重锤片	ZCQ-22	片	85.73
保护金具-重锤片	ZD-20	片	42.02
11.3 防震装置			
防震装置-阻尼线线夹	FZ-58/40	支	147.09
11.4 放电间隙			
放电间隙	AC 10kV	套	48.20

续表

材料名称	型号规格	计量单位	价格（元）
11.5　接触金具			
接触金具-四变二线夹	JR-2/4-2	副	46.73
接触金具-四变二线夹	JR-2/4-3	副	76.60
接触金具-四变二线夹	JR-2/4-4	副	161.83
接触金具-四变二线夹	JT-2/4-32	副	211.11
11.6　接续金具			
接续金具-并沟线夹	JB-7	副	48.05
接续金具-并沟线夹	JB-6	副	37.32
接续金具-并沟线夹	JB-5	副	20.02
接续金具-并沟线夹	JB-4	副	17.48
接续金具-并沟线夹	JB-3	副	12.93
接续金具-并沟线夹	JB-2	副	9.05
接续金具-并沟线夹	JB-1	副	3.79
接续金具-并沟线夹	JBB-3	副	19.67
接续金具-并沟线夹	JBB-2	副	7.99
接续金具-并沟线夹	JBB-1	副	6.42

续表

材料名称	型号规格	计量单位	价格（元）
接续金具-H 型液压线夹	JH-6	副	14.86
接续金具-H 型液压线夹	JH-5	副	11.93
接续金具-H 型液压线夹	JH-4	副	11.14
接续金具-H 型液压线夹	JH-3	副	7.21
接续金具-H 型液压线夹	JH-2	副	6.67
接续金具-H 型液压线夹	JH-1	副	6.67
接续金具-J 型线夹	JJ-3	副	30.31
接续金具-J 型线夹	JJ-2	副	31.00
接续金具-J 型线夹	JJ-1	副	35.33
接续金具-补修管	JX-240	副	19.61
接续金具-补修管	JX-100	副	19.61
接续金具-补修管	JX-80	副	16.66
接续金具-钢芯钢铝绞线接续管	JT-50/8	副	7.22
接续金具-钢芯钢铝绞线接续管	JT-70/10	副	10.61
接续金具-钢芯钢铝绞线接续管	JT-95/15	副	17.35
接续金具-钢芯钢铝绞线接续管	JT-120/20	副	26.92

续表

材料名称	型号规格	计量单位	价格（元）
接续金具-钢芯钢铝绞线接续管	JT-150/20	副	27.83
接续金具-钢芯钢铝绞线接续管	JT-150/25	副	30.07
接续金具-钢芯钢铝绞线接续管	JT-240/30	副	32.32
接续金具-钢芯钢铝绞线接续管	JY-70/10	副	23.36
接续金具-钢芯钢铝绞线接续管	JY-95/15	副	24.24
接续金具-钢芯钢铝绞线接续管	JY-120/20	副	36.12
接续金具-钢芯钢铝绞线接续管	JY-150/20	副	38.24
接续金具-钢芯钢铝绞线接续管	JY-150/25	副	40.21
接续金具-钢芯钢铝绞线接续管	JY-180/30	副	42.50
接续金具-钢芯钢铝绞线接续管	JY-185/25	副	48.35
接续金具-钢芯钢铝绞线接续管	JY-240/30	副	51.25
接续金具-钢芯钢铝绞线接续管	JY-300/50	副	76.95
接续金具-钢芯钢铝绞线接续管	JY-500/35	副	111.23
接续金具-钢芯钢铝绞线接续管	JYD-185/30	副	30.31
接续金具-钢芯钢铝绞线接续管	JYD-240/30	副	40.21
接续金具-钢芯钢铝绞线接续管	JYD-300/40	副	45.44

续表

材料名称	型号规格	计量单位	价格（元）
接续金具-钢芯钢铝绞线接续管	JYD-400/35	副	60. 83
接续金具-钢芯钢铝绞线接续管	JYD-500/45	副	97. 88
接续金具-钢芯钢铝绞线接续管	JYD-630/55	副	151. 27
接续金具-钢芯钢铝绞线接续管	JYD-720/50	副	163. 14
接续金具-铝合金导线接续管	JY-70H	副	58. 84
接续金具-接地线夹	JDH-50-240	副	14. 78
接续金具-接地线夹	JDL-25-120	副	20. 71
接续金具-接地线夹	JDL-50-240	副	22. 26
接续金具-绝缘穿刺线夹	JBC10-5	副	57. 54
接续金具-绝缘穿刺线夹	JBC10-6	副	31. 42
接续金具-绝缘穿刺接地线夹	$240mm^2$	副	26. 45
接续金具-绝缘穿刺接地线夹	$185mm^2$	副	19. 07
接续金具-绝缘穿刺接地线夹	$150mm^2$	副	15. 86
接续金具-绝缘穿刺接地线夹	$120mm^2$	副	14. 89
接续金具-绝缘穿刺接地线夹	$95mm^2$	副	14. 45
接续金具-绝缘穿刺接地线夹	$70mm^2$	副	14. 40

续表

材料名称	型号规格	计量单位	价格（元）
接续金具-绝缘穿刺接地线夹	50mm^2	副	13. 29
接续金具-绝缘穿刺接地线夹	35mm^2	副	9. 47
接续金具-楔型并沟线夹	JXD-10	副	19. 07
接续金具-楔型并沟线夹	JXD-6	副	15. 68
接续金具-楔型并沟线夹	JXD-3	副	15. 16
接续金具-楔型并沟线夹	JXD-1	副	11. 45
接续金具-铜绞线 C 型线夹	JC-72	副	368. 11
接续金具-铜绞线 C 型线夹	JC-71	副	334. 09
接续金具-铜绞线 C 型线夹	JC-52	副	274. 37
接续金具-铜绞线 C 型线夹	JC-46	副	164. 98
接续金具-铜绞线 C 型线夹	JC-45	副	134. 04
接续金具-铜绞线 C 型线夹	JC-44	副	122. 71
接续金具-铜绞线 C 型线夹	JC-43	副	122. 71
接续金具-铜绞线 C 型线夹	JC-42	副	114. 45
接续金具-铜绞线 C 型线夹	JC-41	副	114. 45
接续金具-铜绞线 C 型线夹	JC-6	副	72. 23

续表

材料名称	型号规格	计量单位	价格（元）
接续金具-铜绞线 C 型线夹	JC-5	副	54. 88
接续金具-铜绞线 C 型线夹	JC-4	副	36. 22
接续金具-铜绞线 C 型线夹	JC-3	副	30. 51
接续金具-铜绞线 C 型线夹	JC-2	副	25. 74
接续金具-铜绞线 C 型线夹	JC-1	副	17. 54
接续金具-异型并沟线夹	JBL-16-120	副	3. 21
接续金具-异型并沟线夹	JBL-16-120/3	副	7. 86
接续金具-异型并沟线夹	JBL-50-240	副	5. 62
接续金具-异型并沟线夹	JBL-50-240/3	副	11. 79
接续金具-异型并沟线夹	JBTL-16-120	副	7. 93
接续金具-异型并沟线夹	JBTL-50-240	副	11. 89
接续金具-异型并沟线夹	LH31	副	7. 37
接续金具-异型并沟线夹	LH22	副	6. 07
接续金具-异型并沟线夹	LH21	副	5. 75
接续金具-跳线线夹	JYT-150/20	副	12. 11
接续金具-跳线线夹	JYT-240/30	副	17. 58

续表

材料名称	型号规格	计量单位	价格（元）
11.7 拉线金具			
拉线金具-UT 型线夹	FNUT-2	副	51.84
拉线金具-UT 型线夹	NU-3	副	41.31
拉线金具-UT 型线夹	NU-2	副	25.81
拉线金具-UT 型线夹	NU-1	副	16.53
拉线金具-UT 型线夹	NUT-4	副	65.49
拉线金具-UT 型线夹	NUT-3	副	50.39
拉线金具-UT 型线夹	NUT-2	副	31.97
拉线金具-UT 型线夹	NUT-1	副	21.81
拉线金具-UT 型线夹	UT-2	副	28.80
拉线金具-U 型挂环	UL-30	副	46.02
拉线金具-U 型挂环	UL-25	副	37.83
拉线金具-U 型挂环	UL-20	副	33.11
拉线金具-U 型挂环	UL-16	副	29.20
拉线金具-U 型挂环	UL-12	副	23.89
拉线金具-U 型挂环	UL-10	副	19.14

续表

材料名称	型号规格	计量单位	价格（元）
拉线金具-U 型挂环	UL-9	副	18.31
拉线金具-U 型挂环	UL-7	副	15.68
拉线金具-U 型挂环	UL-6	副	9.03
拉线金具-锲型线夹	NX-4	副	48.67
拉线金具-锲型线夹	NX-3	副	34.58
拉线金具-锲型线夹	NX-2	副	28.48
拉线金具-锲型线夹	NX-1	副	15.03
拉线金具-钢线卡子	JK-3	只	13.29
拉线金具-钢线卡子	JK-2	只	8.88
拉线金具-钢线卡子	JK-1	只	5.14
拉线金具-牵引线夹	QY-7	副	10.62
拉线金具-牵引线夹	QY-10	副	13.27
拉线金具-牵引线夹	QY-12	副	21.01
拉线金具-牵引线夹	QY-16	副	29.86
拉线金具-牵引线夹	QY-25	副	64.14

续表

材料名称	型号规格	计量单位	价格（元）
11.8　联结金具			
联结金具-联板	L-3045	块	176.11
联结金具-联板	L-2545	块	149.63
联结金具-联板	L-2045	块	102.28
联结金具-联板	L-2040	块	92.92
联结金具-联板	L-1640	块	63.72
联结金具-联板	L-1245	块	63.72
联结金具-联板	L-1240	块	63.72
联结金具-联板	L-1040	块	53.10
联结金具-联板	LF-4050	块	483.62
联结金具-联板	LF-2145	块	115.85
联结金具-联板	LF-2140	块	97.35
联结金具-联板	LJ-1240	块	81.39
联结金具-联板	LJ-1040	块	69.03
联结金具-联板	LK-2145	块	277.76
联结金具-联板	LK-1645	块	249.84

续表

材料名称	型号规格	计量单位	价格（元）
联结金具-联板	LS-1212	块	24.14
联结金具-联板	LV-4250	块	40.79
联结金具-联板	LV-3018	块	29.20
联结金具-联板	LV-2115	块	25.66
联结金具-联板	LV-2040	块	23.89
联结金具-联板	LV-2015	块	22.24
联结金具-联板	LV-1214	块	20.35
联结金具-联板	LV-1040	块	12.33
联结金具-联板	LX-2145	块	306.50
联结金具-联板	LX-1645	块	235.40
联结金具-平行挂板	P-50	只	91.71
联结金具-平行挂板	P-30	只	55.53
联结金具-平行挂板	P-25	只	50.44
联结金具-平行挂板	P-21	只	47.79
联结金具-平行挂板	P-16	只	41.59
联结金具-平行挂板	P-12	只	23.20

续表

材料名称	型号规格	计量单位	价格（元）
联结金具-平行挂板	P-10	只	15.90
联结金具-平行挂板	P-7	只	10.68
联结金具-平行挂板	PD-16	只	25.66
联结金具-平行挂板	PD-12	只	16.18
联结金具-平行挂板	PD-10	只	14.63
联结金具-平行挂板	PD-7	只	6.45
联结金具-平行挂板	PD-6	只	4.34
联结金具-平行挂板	PS-16	只	39.82
联结金具-平行挂板	PS-12	只	28.32
联结金具-平行挂板	PS-10	只	16.81
联结金具-平行挂板	PS-7	只	11.84
联结金具-平行挂板	PT-25	只	96.67
联结金具-平行挂板	PT-16	只	72.57
联结金具-平行挂板	PT-12	只	46.90
联结金具-平行挂板	PT-10	只	42.48
联结金具-平行挂板	PT-7	只	27.43

续表

材料名称	型号规格	计量单位	价格（元）
联结金具-U 型挂环	U-1695	只	8.20
联结金具-U 型挂环	U-1870	只	8.20
联结金具-U 型挂环	U-1880	只	9.11
联结金具-U 型挂环	U-2080	只	10.02
联结金具-U 型挂环	U-50	只	73.57
联结金具-U 型挂环	U-40	只	64.60
联结金具-U 型挂环	U-32	只	53.52
联结金具-U 型挂环	U-30	只	53.10
联结金具-U 型挂环	U-25	只	33.35
联结金具-U 型挂环	U-21	只	29.20
联结金具-U 型挂环	U-20	只	26.46
联结金具-U 型挂环	U-16	只	25.11
联结金具-U 型挂环	U-12	只	19.47
联结金具-U 型挂环	U-10	只	12.71
联结金具-U 型挂环	U-9	只	9.26
联结金具-U 型挂环	U-7	只	8.30

续表

材料名称	型号规格	计量单位	价格（元）
联结金具-U 型挂环	U-6	只	5.44
联结金具-U 型挂环	U1-12	只	16.72
联结金具-U 型挂环	U1-20	只	29.59
联结金具-U 型挂环	U1-30	只	68.88
联结金具-U 型挂环	UB-21	只	46.90
联结金具-U 型挂环	UB-16	只	46.02
联结金具-U 型挂环	UB-12	只	40.71
联结金具-U 型挂环	UB-10	只	19.22
联结金具-U 型挂环	UB-7	只	10.62
联结金具-U 型挂环	UJ-2280	只	27.57
联结金具-U 型挂环	UJ-1880	只	21.37
联结金具-U 型挂环	UL-20	只	15.33
联结金具-U 型挂环	UL-16	只	14.51
联结金具-U 型挂环	UL-12	只	13.29
联结金具-U 型挂环	UL-10	只	9.54
联结金具-U 型挂环	UL-7	只	6.88

续表

材料名称	型号规格	计量单位	价格（元）
联结金具-耳轴挂板	GD-32S	只	138.05
联结金具-拉杆	YL-1640	支	66.65
联结金具-拉杆	YL-1243	支	30.09
联结金具-拉杆	YL-1040	支	27.43
联结金具-拉杆	YL-940	支	21.82
联结金具-拉杆	YL-2165S	支	60.59
联结金具-拉杆	YL-1650S	支	47.79
联结金具-球头挂环	Q-12	只	30.73
联结金具-球头挂环	Q-10	只	29.10
联结金具-球头挂环	Q-7	只	11.50
联结金具-球头挂环	QP-25	只	27.43
联结金具-球头挂环	QP-21	只	25.66
联结金具-球头挂环	QP-20	只	16.99
联结金具-球头挂环	QP-16	只	11.81
联结金具-球头挂环	QP-12	只	11.55
联结金具-球头挂环	QP-10	只	9.68

续表

材料名称	型号规格	计量单位	价格（元）
联结金具-球头挂环	QP-7	只	8.85
联结金具-球头挂环	QP-4	只	5.57
联结金具-球头挂环	QP-1660	只	11.98
联结金具-球头挂环	QP-1050	只	4.23
联结金具-碗头挂板	W-12	只	29.20
联结金具-碗头挂板	W-10	只	23.89
联结金具-碗头挂板	W-7	只	11.43
联结金具-碗头挂板	WS-30	只	112.49
联结金具-碗头挂板	WS-25	只	93.60
联结金具-碗头挂板	WS-21	只	72.07
联结金具-碗头挂板	WS-20	只	47.32
联结金具-碗头挂板	WS-16	只	36.58
联结金具-碗头挂板	WS-10	只	19.42
联结金具-碗头挂板	WS-7	只	14.77
联结金具-调整板	DB-25	块	88.56
联结金具-调整板	DB-21	块	73.76

续表

材料名称	型号规格	计量单位	价格（元）
联结金具-调整板	DB-16	块	56.64
联结金具-调整板	DB-12	块	48.67
联结金具-调整板	DB-10	块	18.42
联结金具-调整板	DB-7	块	12.01
联结金具-调整板	PT-12	块	46.90
联结金具-调整板	PT-10	块	42.48
联结金具-调整板	PT-7	块	27.43
联结金具-牵引板	QY-60	副	130.93
联结金具-牵引板	QY-32	副	68.71
联结金具-牵引板	QY-21	副	63.97
联结金具-牵引板	QY-16	副	59.29
联结金具-牵引板	QY-12	副	47.79
联结金具-牵引板	QY-10	副	31.99
联结金具-延长环	PH-25	只	40.71
联结金具-延长环	PH-20	只	21.24
联结金具-延长环	PH-16	只	18.74

续表

材料名称	型号规格	计量单位	价格（元）
联结金具-延长环	PH-12	只	11.49
联结金具-延长环	PH-10	只	7.40
联结金具-延长环	PH-7	只	8.96
联结金具-直角挂板	Z-50	只	240.13
联结金具-直角挂板	Z-30	只	94.69
联结金具-直角挂板	Z-25	只	75.22
联结金具-直角挂板	Z-21	只	51.70
联结金具-直角挂板	Z-20	只	49.73
联结金具-直角挂板	Z-16	只	40.46
联结金具-直角挂板	Z-12	只	26.84
联结金具-直角挂板	Z-10	只	8.61
联结金具-直角挂板	Z-7	只	7.83
联结金具-直角挂板	Z1-25	只	62.15
联结金具-直角挂板	Z1-12	只	19.51
联结金具-直角挂板	Z1-7	只	9.91
联结金具-直角挂板	ZBS-32	只	161.58

续表

材料名称	型号规格	计量单位	价格（元）
联结金具-直角挂板	ZBS-16	只	93.06
联结金具-直角挂板	ZS-21	只	49.72
联结金具-直角挂板	ZS-16	只	26.55
联结金具-直角挂板	ZS-10	只	19.54
联结金具-直角挂板	ZS-7	只	13.56
联结金具-直角挂环	ZH-16	只	14.22
联结金具-直角挂环	ZH-12	只	13.79
联结金具-直角挂环	ZH-10	只	11.16
联结金具-直角挂环	ZH-7	只	7.53
联结金具-心形环	TC-07	只	4.00
联结金具-心形环	TH-100	只	16.27
联结金具-支撑架	ZCJ-45	副	175.22
11.9 母线金具			
母线金具-导线固定金具	MDG-1000N-254	副	97.16
母线金具-导线固定金具	MDG-500N-254	副	20.39
母线金具-导线固定金具	MSG-5/200-225	副	84.72

续表

材料名称	型号规格	计量单位	价格（元）
母线金具-导线固定金具	MSG-4/120-225	副	55.18
母线金具-导线固定金具	MZD（2+20）	副	102.59
母线金具-导线固定金具	MZD（2+16）	副	91.91
母线金具-导线固定金具	MZD（2+12）	副	61.91
母线金具-导线固定金具	MZD（2+8）	副	51.53
11.10　耐张线夹			
耐张线夹-集束型	JNS-2A	副	14.98
耐张线夹-集束型	JNS-1A	副	11.94
耐张线夹-集束型	NXJ-70	副	25.09
耐张线夹-集束型	NXJ-4×120	副	20.58
耐张线夹-集束型	NXJ-4×50	副	12.70
耐张线夹-集束型	NXJ-4×35	副	10.46
耐张线夹-楔型绝缘	NXJ-240	副	54.13
耐张线夹-楔型绝缘	NXJ-150	副	38.81
耐张线夹-楔型绝缘	NXJ-120	副	36.81
耐张线夹-楔型绝缘	NXJ-70	副	25.76

续表

材料名称	型号规格	计量单位	价格（元）
耐张线夹-楔型绝缘	NXJG-4	副	37.87
耐张线夹-楔型绝缘	NXJG-3	副	29.53
耐张线夹-楔型绝缘	NXJG-2	副	20.68
耐张线夹-楔型绝缘	NXJG-1	副	15.62
耐张线夹-楔型绝缘	NXL-4	副	39.14
耐张线夹-楔型绝缘	NXL-3	副	29.11
耐张线夹-楔型绝缘	NXL-2	副	22.99
耐张线夹-楔型绝缘	NXL-1	副	15.86
耐张线夹-螺栓型	NLD-4	副	71.06
耐张线夹-螺栓型	NLD-3	副	44.71
耐张线夹-螺栓型	NLD-2	副	21.12
耐张线夹-螺栓型	NLD-1	副	14.65
耐张线夹-螺栓型	NLL-4	副	47.93
耐张线夹-螺栓型	NLL-3	副	39.44
耐张线夹-螺栓型	NLL-2	副	27.27
耐张线夹-螺栓型	NLL-1	副	15.86

续表

材料名称	型号规格	计量单位	价格（元）
耐张线夹-液压型	NY-120/20	副	49.98
耐张线夹-液压型	NY-120/25	副	49.98
耐张线夹-液压型	NY-150/20	副	51.89
耐张线夹-液压型	NY-150/25	副	51.89
耐张线夹-液压型	NY-185/25	副	55.73
耐张线夹-液压型	NY-185/30	副	55.73
耐张线夹-液压型	NY-240/30A	副	66.03
耐张线夹-液压型	NY-240/30B	副	66.03
耐张线夹-液压型	NY-240/30	副	66.04
耐张线夹-液压型	NY-240/40	副	66.05
耐张线夹-液压型	NY-300/25A	副	89.47
耐张线夹-液压型	NY-300/25B	副	89.47
耐张线夹-液压型	NY-300/25	副	81.37
耐张线夹-液压型	NY-300/40A	副	81.20
耐张线夹-液压型	NY-300/40B	副	81.20
耐张线夹-液压型	NY-300/40	副	81.20

续表

材料名称	型号规格	计量单位	价格（元）
耐张线夹-液压型	NY-400/35A	副	101.96
耐张线夹-液压型	NY-400/35B	副	123.08
耐张线夹-液压型	NY-400/35	副	109.65
耐张线夹-液压型	NY-400/50	副	122.08
耐张线夹-液压型	NY-500/35	副	164.51
耐张线夹-液压型	NY-500/45	副	180.41
耐张线夹-液压型	NY-630/45	副	200.55
耐张线夹-液压型	NY-630/55	副	223.59
耐张线夹-液压型	NY-720/50	副	327.60
耐张线夹-液压型	NY-80BG	副	74.05
耐张线夹-液压型	NY-JL/LHA1-135/140A	副	92.14
耐张线夹-液压型	NY-JL/LHA1-210/220B	副	397.61
耐张线夹-液压型	NY-JLHA3-275A	副	105.16
耐张线夹-液压型	NY-JLHA3-340A	副	119.26
耐张线夹-液压型	NY-JLHA3-450A	副	130.09
耐张线夹-液压型	NYG-400/35A	副	128.86

续表

材料名称	型号规格	计量单位	价格（元）
11.11　设备线夹			
设备线夹-变压器线夹	M56	副	104.32
设备线夹-变压器线夹	M48	副	98.71
设备线夹-变压器线夹	M42	副	93.09
设备线夹-变压器线夹	M36	副	87.49
设备线夹-变压器线夹	M32	副	81.88
设备线夹-变压器线夹	M30	副	76.28
设备线夹-变压器线夹	M20	副	37.82
设备线夹-变压器线夹	M18	副	37.12
设备线夹-变压器线夹	M16	副	35.08
设备线夹-变压器线夹	M14	副	27.72
设备线夹-变压器线夹	M12	副	27.32
设备线夹-双导线设备线夹	SSY-240/40	副	82.74
设备线夹-双导线设备线夹	SSY-300/25	副	85.71
设备线夹-双导线设备线夹	SSY-400/35	副	111.26
设备线夹-双导线设备线夹	SSY-630/45	副	170.38

续表

材料名称	型号规格	计量单位	价格（元）
设备线夹-双导线设备线夹	SSY-800/200	副	276.34
设备线夹-双导线设备线夹	SSYG-300/25	副	88.51
设备线夹-双导线设备线夹	SSYG-400/35	副	101.26
设备线夹-双导线设备线夹	SSYG-630/45	副	184.07
设备线夹-螺栓型设备线夹	SL-10	副	17.55
设备线夹-螺栓型设备线夹	SL-8	副	15.68
设备线夹-螺栓型设备线夹	SL-5	副	12.55
设备线夹-螺栓型设备线夹	SL-4	副	11.05
设备线夹-螺栓型设备线夹	SL-3	副	10.74
设备线夹-螺栓型设备线夹	SL-2	副	6.90
设备线夹-螺栓型设备线夹	SL-1	副	5.73
设备线夹-螺栓型设备线夹	SL-630A	副	42.10
设备线夹-螺栓型设备线夹	SL-300A	副	13.22
设备线夹-螺栓型设备线夹	SLG-8	副	28.85
设备线夹-螺栓型设备线夹	SLG-4	副	17.46
设备线夹-螺栓型设备线夹	SLG-3	副	14.93

续表

材料名称	型号规格	计量单位	价格（元）
设备线夹-螺栓型设备线夹	SLG-2	副	11.20
设备线夹-螺栓型设备线夹	SLG-1	副	10.43
设备线夹-压缩型设备线夹	SY-50A	副	2.64
设备线夹-压缩型设备线夹	SY-70/10	副	6.68
设备线夹-压缩型设备线夹	SY-95/20	副	8.43
设备线夹-压缩型设备线夹	SY-120/25	副	12.86
设备线夹-压缩型设备线夹	SY-150/25	副	15.93
设备线夹-压缩型设备线夹	SY-150/30	副	16.72
设备线夹-压缩型设备线夹	SY-185/10	副	18.42
设备线夹-压缩型设备线夹	SY-185/25	副	21.30
设备线夹-压缩型设备线夹	SY-240/30	副	23.27
设备线夹-压缩型设备线夹	SY-300/20	副	25.86
设备线夹-压缩型设备线夹	SY-300/25	副	26.51
设备线夹-压缩型设备线夹	SY-300/40	副	26.51
设备线夹-压缩型设备线夹	SY-400/25	副	33.23
设备线夹-压缩型设备线夹	SY-400/35	副	33.23

续表

材料名称	型号规格	计量单位	价格（元）
设备线夹-压缩型设备线夹	SY-400/40	副	33.23
设备线夹-压缩型设备线夹	SY-500/35	副	37.93
设备线夹-压缩型设备线夹	SY-500/45	副	55.78
设备线夹-压缩型设备线夹	SY-630/45	副	56.03
设备线夹-铜铝过渡设备线夹	SLG-4A-100×100	副	76.55
设备线夹-铜铝过渡设备线夹	SLG-4A-80×80	副	42.76
设备线夹-铜铝过渡设备线夹	SLG-4A	副	20.69
设备线夹-铜铝过渡设备线夹	SLG-3A	副	19.82
设备线夹-铜铝过渡设备线夹	SLG-2A	副	16.59
设备线夹-铜铝过渡设备线夹	SLG-1A	副	14.76
设备线夹-铜铝过渡设备线夹	SLG-4B-100×100	副	49.71
设备线夹-铜铝过渡设备线夹	SLG-4B-80×80	副	27.21
设备线夹-铜铝过渡设备线夹	SLG-4B	副	18.63
设备线夹-铜铝过渡设备线夹	SLG-3B	副	18.63
设备线夹-铜铝过渡设备线夹	SLG-2B	副	13.01
设备线夹-铜铝过渡设备线夹	SLG-1B	副	9.21

续表

材料名称	型号规格	计量单位	价格（元）
设备线夹-铜铝过渡设备线夹	SLG-630A	副	70.77
设备线夹-铜铝过渡设备线夹	SLG-400B	副	45.01
设备线夹-铜铝过渡设备线夹	SYG-35B	副	9.32
设备线夹-铜铝过渡设备线夹	SYG-50/8	副	10.72
设备线夹-铜铝过渡设备线夹	SYG-70/10	副	14.65
设备线夹-铜铝过渡设备线夹	SYG-95/15	副	16.85
设备线夹-铜铝过渡设备线夹	SYG-120/25	副	19.05
设备线夹-铜铝过渡设备线夹	SYG-150/20	副	15.76
设备线夹-铜铝过渡设备线夹	SYG-185/25	副	30.14
设备线夹-铜铝过渡设备线夹	SYG-185/30	副	33.19
设备线夹-铜铝过渡设备线夹	SYG-240/30	副	37.20
设备线夹-铜铝过渡设备线夹	SYG-240/40	副	39.37
设备线夹-铜铝过渡设备线夹	SYG-300/25	副	46.37
设备线夹-铜铝过渡设备线夹	SYG-300/40	副	49.24
设备线夹-铜铝过渡设备线夹	SYG-400/35	副	52.47
设备线夹-铜铝过渡设备线夹	SYG-400/50	副	54.85

续表

材料名称	型号规格	计量单位	价格（元）
设备线夹-铜铝过渡设备线夹	SYG-500/35	副	63.29
设备线夹-铜铝过渡设备线夹	SYG-500/45	副	64.65
11.12　悬垂线夹			
悬垂线夹-带挂板	XGU-2A	副	27.01
悬垂线夹-带挂板	XGU-4A	副	34.51
悬垂线夹-带挂板	XGU-4B	副	31.86
悬垂线夹-带挂板	XGU-5A	副	42.48
悬垂线夹-带挂板	XGU-5B	副	39.82
悬垂线夹-带挂板	XGU-6A	副	43.36
悬垂线夹-防磨、提包式	XGH-6	副	133.54
悬垂线夹-防磨、提包式	XGH-5	副	44.17
悬垂线夹-防磨、提包式	XGH-4	副	39.86
悬垂线夹-防磨、提包式	XGH-3	副	34.47
悬垂线夹-防磨、提包式	XGH-2	副	25.85
悬垂线夹-防磨、提包式	XGU-6F	副	151.36
悬垂线夹-防磨、提包式	XGU-5F	副	131.82

续表

材料名称	型号规格	计量单位	价格（元）
悬垂线夹-防磨、提包式	XGU-4F	副	40.71
悬垂线夹-防磨、提包式	XGU-3F	副	32.74
悬垂线夹-防磨、提包式	XGU-2F	副	31.86
悬垂线夹-防磨、提包式	XGU-1F	副	23.01
悬垂线夹-回转型	XGU-5	副	35.40
悬垂线夹-回转型	XGU-4	副	28.10
悬垂线夹-回转型	XGU-3	副	20.20
悬垂线夹-回转型	XGU-2	副	15.69
悬垂线夹-回转型	XGU-1	副	7.93
悬垂线夹-双导线	XCS-6	副	143.36
悬垂线夹-双导线	XCS-5	副	141.59
悬垂线夹-双导线	XCS-4	副	129.20
悬垂线夹-双导线	XTS-6	副	149.56
悬垂线夹-双导线	XTS-2	副	79.65
悬垂线夹-双导线	XTS-1	副	69.91

续表

材料名称	型号规格	计量单位	价格（元）
11.13　拉线棒			
拉线棒	ϕ25，3000mm	根	98.10
拉线棒	ϕ25，1500mm	根	37.22
拉线棒	ϕ25，600mm	根	27.76
拉线棒	ϕ24，3100mm	根	99.34
拉线棒	ϕ22，4000mm	根	109.88
拉线棒	ϕ22，3100mm	根	81.65
拉线棒	ϕ22，2500mm	根	69.62
拉线棒	ϕ22，2000mm	根	52.34
拉线棒	ϕ20，3500mm	根	76.88
拉线棒	ϕ20，3100mm	根	63.57
拉线棒	ϕ20，3000mm	根	58.77
拉线棒	ϕ20，2800mm	根	58.60
拉线棒	ϕ20，2700mm	根	57.71
拉线棒	ϕ20，2600mm	根	56.84
拉线棒	ϕ20，2500mm	根	53.86

续表

材料名称	型号规格	计量单位	价格（元）
拉线棒	ϕ20，2300mm	根	48.95
拉线棒	ϕ20，2000mm	根	35.68
拉线棒	ϕ20，1500mm	根	29.74
拉线棒	ϕ18，3000mm	根	53.45
拉线棒	ϕ18，2700mm	根	50.18
拉线棒	ϕ18，2500mm	根	46.73
拉线棒	ϕ18，2100mm	根	37.76
拉线棒	ϕ18，1800mm	根	32.87
拉线棒	ϕ16，2500mm	根	36.18
拉线棒	ϕ16，2100mm	根	29.62
拉线棒	ϕ16，2000mm	根	29.21
拉线棒	ϕ16，1500mm	根	22.45
拉线棒	ϕ16，1200mm	根	18.57

第12章 杆塔及附件

材料名称	型号规格	计量单位	价格（元）
12.1　铁塔			
铁塔	角钢，无，AC 10kV	t	8759
12.2　钢管杆（桩）			
钢管杆（桩）	Q345	t	8896
12.3　锥形水泥杆			
锥形水泥杆	18m，430mm，U2	根	18998
锥形水泥杆	18m，350mm，T	根	11320
锥形水泥杆	18m，270mm，O	根	8185
锥形水泥杆	18m，230mm，N	根	5177
锥形水泥杆	18m，190mm，M	根	3970
锥形水泥杆	18m，190mm，N	根	2934
锥形水泥杆	15m，430mm，U2	根	11336
锥形水泥杆	15m，350mm，T	根	10055
锥形水泥杆	15m，270mm，O	根	7893
锥形水泥杆	15m，230mm，N	根	3837
锥形水泥杆	15m，230mm，M	根	3485
锥形水泥杆	15m，190mm，M	根	3453

续表

材料名称	型号规格	计量单位	价格（元）
锥形水泥杆	15m，190mm，I	根	3054
锥形水泥杆	12m，430mm，U2	根	11303
锥形水泥杆	12m，350mm，T	根	8831
锥形水泥杆	12m，270mm，O	根	3558
锥形水泥杆	12m，230mm，N	根	2698
锥形水泥杆	12m，190mm，I	根	1761
锥形水泥杆	12m，190mm，K	根	1602
锥形水泥杆	12m，190mm，M	根	2526
锥形水泥杆	10m，190mm，M	根	1902
锥形水泥杆	10m，190mm，G	根	1961
锥形水泥杆	10m，190mm，I	根	1545
锥形水泥杆	10m，190mm，K	根	1140
锥形水泥杆	10m，150mm，G	根	1063
锥形水泥杆	8m，150mm，G	根	884
12.4　等径水泥杆			
等径水泥杆	400mm，4.5m，16ϕ16	根	1274

续表

材料名称	型号规格	计量单位	价格（元）
等径水泥杆	400mm，3m，16ϕ16	根	904
等径水泥杆	300mm，9m，18ϕ16	根	2774
等径水泥杆	300mm，9m，14ϕ16	根	2327
等径水泥杆	300mm，9m，14ϕ14	根	2125
等径水泥杆	300mm，9m，14ϕ12	根	1525
等径水泥杆	300mm，9m，12ϕ16	根	2143
等径水泥杆	300mm，9m，12ϕ14	根	1880
等径水泥杆	300mm，9m，12ϕ12	根	1700
等径水泥杆	300mm，6m，18ϕ16	根	2114
等径水泥杆	300mm，6m，16ϕ16	根	1974
等径水泥杆	300mm，6m，14ϕ16	根	2107
等径水泥杆	300mm，6m，14ϕ14	根	1676
等径水泥杆	300mm，6m，14ϕ12	根	1381
等径水泥杆	300mm，6m，12ϕ14	根	1539
等径水泥杆	300mm，6m，12ϕ12	根	1259
等径水泥杆	300mm，4.5m，18ϕ16	根	1243

续表

材料名称	型号规格	计量单位	价格（元）
等径水泥杆	300mm，4.5m，16ϕ16	根	1243
等径水泥杆	300mm，4.5m，14ϕ16	根	1169
等径水泥杆	300mm，4.5m，14ϕ14	根	1009
等径水泥杆	300mm，4.5m，12ϕ12	根	809
等径水泥杆	300mm，3m，16ϕ16	根	851
等径水泥杆	300mm，3m，14ϕ16	根	797
12.5　超高性能混凝土杆			
超高性能混凝土杆	18m，270mm	根	10734
超高性能混凝土杆	18m，230mm	根	9265
超高性能混凝土杆	15m，230mm	根	6965
超高性能混凝土杆	15m，190mm	根	4698
超高性能混凝土杆	12m，230mm	根	7725
超高性能混凝土杆	12m，190mm	根	4290
超高性能混凝土杆	10m，190mm	根	3767
12.6　水泥制品			
水泥制品	套筒，1800×800×800	块	1187

续表

材料名称	型号规格	计量单位	价格（元）
水泥制品	卡盘，1000×300×150	块	141
水泥制品	卡盘，1000×300×200	块	197
水泥制品	卡盘，400×400×800	块	346
水泥制品	卡盘，350×150×1700	块	328
水泥制品	卡盘，250×300×800	块	316
水泥制品	底盘，1200×1200×200	块	188
水泥制品	底盘，1000×1000×500	块	581
水泥制品	底盘，1000×1000×200	块	503
水泥制品	底盘，1000×1000×150	块	307
水泥制品	底盘，800×800×200	块	371
水泥制品	底盘，800×800×150	块	347
水泥制品	拉盘，800×500×200	块	209
水泥制品	拉盘，750×1500×200	块	263
水泥制品	拉盘，600×1200×200	块	365
水泥制品	拉盘，600×600×1200	块	414
水泥制品	拉盘，500×1000×200	块	226

续表

材料名称	型号规格	计量单位	价格（元）
水泥制品	拉盘，500×500×1000	块	270
水泥制品	拉盘，400×800×200	块	252
水泥制品	拉盘，400×800×150	块	180
水泥制品	拉盘，400×400×800	块	234
水泥制品	拉盘，300×600×200	块	146
水泥制品	拉盘，300×300×600	块	186
水泥制品	拉盘，1000×1000×500	块	481

第13章 布线材料

材料名称	型号规格	计量单位	价格（元）
电缆保护管	BWFRP，ϕ250	m	202.84
电缆保护管	BWFRP，ϕ200	m	168.07
电缆保护管	BWFRP，ϕ150	m	128.47
电缆保护管	BWFRP，ϕ100	m	74.38
电缆保护管	CPVC，ϕ200	m	124.86
电缆保护管	CPVC，ϕ175	m	95.16
电缆保护管	CPVC，ϕ150	m	44.66
电缆保护管	CPVC，ϕ100	m	28.24
电缆保护管	CPVC，ϕ50	m	8.03
电缆保护管	CPVC，ϕ32	m	5.01
电缆保护管	HPVC，ϕ100	m	37.17
电缆保护管	MFPT，ϕ200	m	112.81
电缆保护管	MFPT，ϕ175	m	90.25
电缆保护管	MFPT，ϕ150	m	68.22
电缆保护管	MFPT，ϕ100	m	45.71
电缆保护管	MPP，ϕ200	m	172.22
电缆保护管	MPP，ϕ175	m	131.78

续表

材料名称	型号规格	计量单位	价格（元）
电缆保护管	MPP，ϕ150	m	73.95
电缆保护管	MPP，ϕ100	m	42.47
电缆保护管	N-HAP，ϕ200	m	109.17
电缆保护管	N-HAP，ϕ175	m	99.00
电缆保护管	N-HAP，ϕ150	m	64.40
电缆保护管	N-HAP，ϕ100	m	47.10
电缆保护管	N-HAP，ϕ50	m	31.10
电缆保护管	PE，ϕ40	m	6.02
电缆保护管	PE，ϕ32	m	5.01
电缆保护管	PVC，ϕ250	m	69.83
电缆保护管	PVC，ϕ50	m	9.03
电缆保护管	PVC，ϕ32	m	3.22
电缆保护管	PVC，ϕ25	m	2.10
电缆保护管	UPVC，ϕ32	m	30.70
电缆保护管	钢管，ϕ150	m	125.37
电缆保护管	钢管，ϕ100	m	69.88

第14章 接地材料

材料名称	型号规格	计量单位	价格（元）
14.1　接地铜板			
紫铜板		t	73789
黄铜板		t	69850
14.2　镀锌扁钢			
镀锌扁钢		t	5707
14.3　角钢接地极			
角钢接地极		t	4739
14.4　石墨接地体			
石墨接地体		t	4760
14.5　电解质接地极			
电解质接地极		根	9490
14.6　验电接地环			
验电接地环	BYD-0	个	22.87
验电接地环	BYD-1	个	27.78
验电接地环	BYD-2	个	32.68

续表

材料名称	型号规格	计量单位	价格（元）
14.7 穿刺验电接地环			
穿刺验电接地环	JBCD-1	个	65.35
穿刺验电接地环	JBCD-2	个	75.16

第15章 主要建筑材料

材料名称	型号规格	计量单位	价格（元）
15.1　型钢、阀门、铁件			
等边角钢	∠50mm 以下	kg	5.06
等边角钢	∠63mm 以下	kg	5.06
冷拔低碳钢丝		kg	5.12
圆钢	ϕ10 以下	kg	4.92
圆钢	ϕ10 以上	kg	4.92
中厚钢板	δ20mm 以下	kg	5.17
金属压型板	0.8mm V-125 型	m	58.13
复合压型钢板	δ50mm	m	2406
复合压型钢板	δ75mm	m	2491
铸铁井盖	ϕ900	套	1560
螺纹连接截止阀	J11T-16 DN25	只	42.20
预埋铁件	综合	kg	6.50
15.2　碎石			
碎石	最大粒径 15mm	m^3	166.37
碎石	最大粒径 20mm	m^3	157.24
碎石	最大粒径 40mm	m^3	152.17

续表

材料名称	型号规格	计量单位	价格（元）
15.3　砂浆、石子浆、水泥浆			
混合砂浆	M2.5	m^3	343.36
水泥砂浆	M10	m^3	526.55
水泥砂浆	M5	m^3	380.53
混合砂浆	1∶1∶4	m^3	479.55
混合砂浆	1∶1∶6	m^3	442.48
混合砂浆	1∶0∶3	m^3	477.88
混合砂浆	1∶0∶2	m^3	535.89
水泥砂浆	1∶1	m^3	590.00
水泥砂浆	1∶2	m^3	540.00
水泥砂浆	1∶3	m^3	500.00
TG砂浆	1∶0.2∶6	m^3	494.35
水泥白石子浆	1∶3	m^3	656.45
白水泥浆		m^3	520.29
15.4　冷底子油			
冷底子油	3∶7	kg	5.75

续表

材料名称	型号规格	计量单位	价格（元）
15.5　水泥蛭石			
水泥蛭石	1∶12	m^3	145.40
15.6　灰土			
灰土	3∶7	m^3	68.34
15.7　预制块料			
混凝土预制块	250×250×55	块	5.77
加气混凝土块	600×240×150	块	7.84
混凝土沿石	500×300×120	块	20.68
15.8　砖、砂石、土、炉渣			
中砂		m^3	168.14
毛石	70~190mm	m^3	115.04
土		m^3	44.74
水泥炉渣	1∶6	m^3	232.22
实心砖	240×115×53	千块	748.15
土空心砖	240×115×115	千块	1087.76

续表

材料名称	型号规格	计量单位	价格（元）
15.9　门窗、卷闸			
塑钢门	推拉式	m^2	495.58
钢防火门		樘	2803.54
铝合金平开门		m^2	570.71
铝合金推拉门		m^2	425.00
卷闸	镀锌薄钢板	m^2	308.25
卷闸	铝合金	m^2	340.71
卷闸电动装置		套	2074.81
铝合金窗	固定式	m^2	411.50
铝合金窗	推拉式	m^2	464.60
铝合金窗	平开式	m^2	602.08
铝合金窗	纱窗扇	m^2	110.00
塑钢窗		m^2	398.23
成品木门		樘	1100.00
钢大门		m^2	650.00

续表

材料名称	型号规格	计量单位	价格（元）
15. 10　卫生洁具及其附件			
大便器	蹲便器	个	650. 00
地漏		个	46. 63
塑料给水管	DN25	m	7. 27
洗脸（手）盆	全套	套	674. 09
承插塑料排水管		m	18. 73
承插塑料排水管管件		个	6. 64

主要编制人： 张天光　卢　玉　周　慧　董明睿　曹　妍　赵奎运
俞　敏　郁　飞　赵梦竹　曾　晓　赵晓芳　顾　爽
余光秀　张宝财　郑　燕　余菊芳　屠庆波　刘金朋
喻　婧